스스로 평가하고 준비하는!

대학부설 영재교육원 모의고사

중등

제1회

지원 분야 : ______________________

지역 : ______________________

학교 : ______________________

학년 : ______________________

이름 : ______________________

- ○ 모든 답안을 기록할 때는 글씨를 잘 정돈해서 기록합니다. 단, 글씨를 휘갈겨 쓰거나 겹쳐 쓰게 되면 평가자의 답안의 뜻을 이해할 수 없어서 본의 아니게 감점이 될 소지가 있습니다.
- ○ 내용과 다른 답을 쓸 경우 그 부분은 점수에서 감점이 됩니다.
- ○ 다른 색의 볼펜이나 형광펜은 이용할 수 없으며, 연필 또는 샤프와 지우개로만 답안을 작성해 주세요.

※ 부정행위 등 응시자 유의사항을 다시 한 번 확인하시기 바랍니다.

1

제1회 대학부설 영재교육원 모의고사 중등

◎ 문제를 잘 읽고 문제에서 묻고자 하는 내용을 잘 이해한 뒤 답과 답에 대한 설명을 자세하게 서술하시오.

수학

01

규현이네 반의 남학생의 수는 여학생의 수의 $\frac{1}{2}$보다 7명이 많고, 여학생의 수는 남학생의 수의 $\frac{3}{4}$보다 6명이 많다고 합니다. 규현이네 반 여학생과 남학생의 수를 각각 구하고, 풀이 과정을 서술하시오. [10점]

02

다음 그림과 같이 정사각형 모양으로 36개의 점이 가로, 세로에 일정한 간격으로 찍혀 있습니다. 이 점들을 이어 만들 수 있는 모든 삼각형 중에서 넓이가 가장 큰 삼각형의 넓이를 구하고, 풀이 과정을 서술하시오.

(단, 두 점 사이의 간격은 1입니다.) [10점]

03

가로의 길이가 18 m, 세로의 길이가 10 m인 직사각형 모양의 땅에 다음 그림과 같이 폭이 일정한 도로를 만들려고 합니다. 도로를 제외한 부분의 넓이가 128 m^2가 되도록 할 때, 이 도로의 폭은 몇 m인지 구하고, 풀이 과정을 서술하시오. [10점]

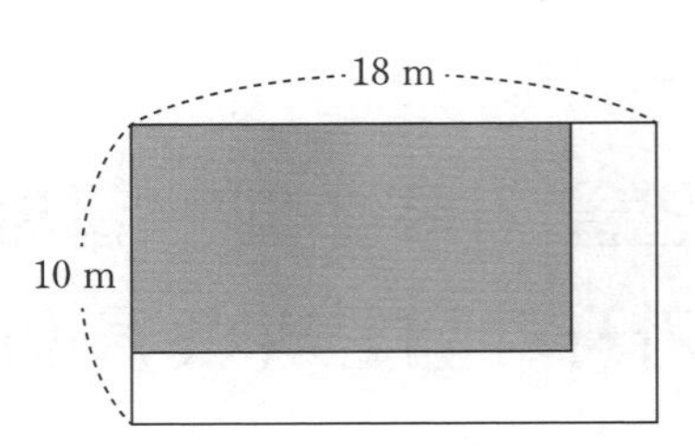

04

x에 대한 두 방정식 $0.6x+1.2=1.5(x+5)$, $\frac{x-3}{5}=\frac{2x+a}{3}$의 해가 같다. 이때, x의 값과 상수 a의 값을 각각 구하고, 풀이 과정을 서술하시오.

05

다음과 같이 1부터 35까지의 수가 적힌 표가 있습니다. 표 위에 그림과 같이 T자 모형의 판을 놓으면 4개의 수가 가려져 보이지 않습니다. 이 모형의 판에 가려져 보이지 않는 4개의 수의 합이 83일 때, 방정식을 세워 이 수들을 구하고, 풀이 과정을 서술하시오. [10점]

1	2	3	4	5	6	7
8	9	10	11	12	13	14
15	16	17	18	19	20	21
22	23	24	25	26	27	28
29	30	31	32	33	34	35

06

크기가 서로 다른 두 정사각형 A, B가 있습니다. 다음 물음에 답하시오. [10점]

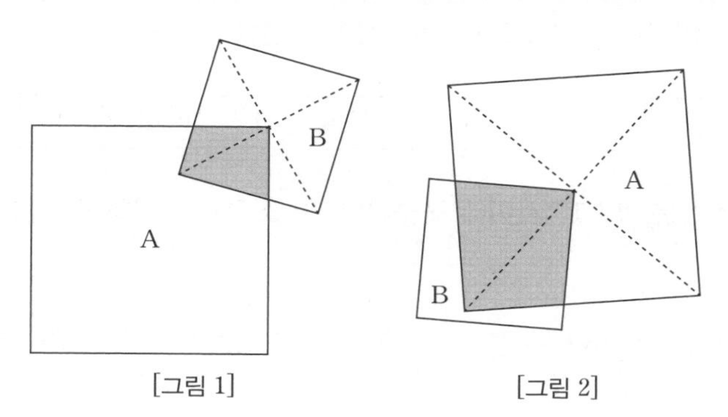

[그림 1] [그림 2]

(1) [그림 1]과 같이 정사각형 B의 두 대각선의 교점을 정사각형 A의 1개의 꼭짓점에 겹쳤을 때, 겹쳐진 부분의 넓이가 정사각형 A의 넓이의 $\frac{1}{9}$이 되었습니다. 두 정사각형 A와 B의 한 변의 길이의 비를 가장 간단한 정수비로 나타내고, 풀이 과정을 서술하시오.

(2) [그림 2]와 같이 두 정사각형 A와 B를 반대로 겹쳤을 때, 겹쳐진 부분의 넓이는 정사각형 B의 넓이의 몇 배인지 구하고, 풀이 과정을 서술하시오.

07

1에서부터 순서대로 정수를 나열할 때, 다음과 같이 정수 1개, 2개, 3개, 1개, 2개, 3개, …의 순서로 반복해서 정수 사이에 선을 그었습니다.

1	2 3	4 5 6	7	8 9	10 11 12	13 …

이때 5번째 선은 9와 10 사이에 긋습니다. 이 조건을 이용하여 다음 물음에 답하시오. [10점]

(1) 100번째 선은 어떤 두 정수 사이에 그어야 하는지 구하고, 그 이유를 서술하시오.

(2) 이웃한 두 선 사이에 나열된 모든 정수의 합이 305가 되는 것은 몇 번째 선과 몇 번째 선 사이인지 구하고, 그 이유를 서술하시오.

08

구리가 각각 90%, 60% 들어있는 합금 A, B가 있습니다. 두 합금 A, B를 섞어서 새로운 합금 C를 만들었습니다. 이 합금 C의 무게는 45 kg이고 구리는 70%가 들어있다고 할 때, 두 합금 A, B를 섞은 양은 각각 몇 kg인지 구하고, 풀이 과정을 서술하시오. [10점]

09

다음은 수민이가 집에서 500 m 떨어진 학교까지 걸어가는 상황을 그래프로 나타낸 것입니다. 수민이가 집에서 출발한 지 x분 후 집으로부터 떨어진 거리가 y m라 할 때, 일어날 수 있는 상황을 3가지 서술하시오. [10점]

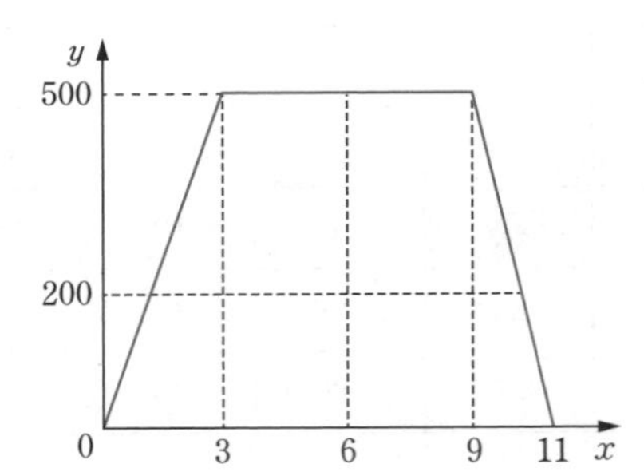

10

10%의 소금물 600 g을 알코올램프로 가열시켜 농도가 15% 이상이 되도록 만들려고 합니다. 증발시켜야 하는 최소 물의 양은 몇 g인지 구하고, 풀이 과정을 서술하시오. [10점]

11

주영이와 서아는 계단에서 가위바위보 게임을 하려고 합니다. 이기면 2칸 올라가고 지면 1칸 내려가기로 하고, 처음 위치를 0, 1칸 올라가는 것을 $+1$, 1칸 내려가는 것을 -1이라고 합니다. 가위바위보 게임을 15번 하여 주영이가 12번 이겼다고 할 때, 두 사람의 위치를 나타내는 수의 차를 구하고, 풀이 과정을 서술하시오. (단, 비기는 경우는 없습니다.) [10점]

12

다음의 그림과 같이 A지점에서 D지점으로 가는 도로에서 A지점을 출발하여 D지점을 거쳐 다시 A지점까지 돌아올 때, 모든 방법의 수를 구하고, 풀이 과정을 서술하시오. (단, 왔던 길로 되돌아 갈 수 있습니다.) [10점]

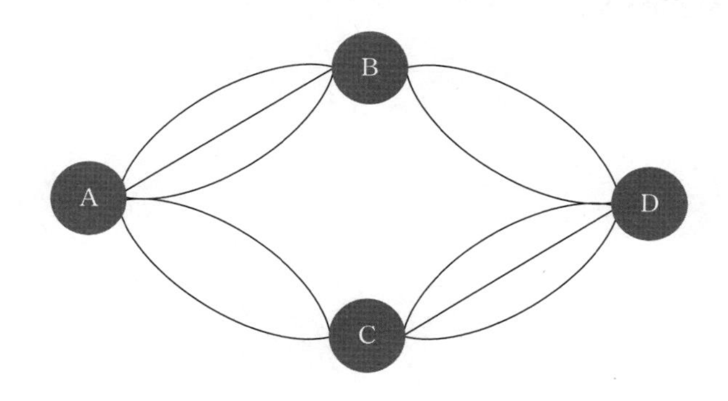

13

a의 절댓값은 6이고 b의 절댓값은 3입니다. $a-b$의 절댓값 중 가장 큰 값을 M, $a+b$의 절댓값 중 가장 작은 값을 m이라고 할 때, $\frac{M}{m}$의 값을 구하고, 풀이 과정을 서술하시오. [10점]

14

다음 그림에서 각 변에 놓인 세 수를 곱한 결과가 모두 같을 때, A×B의 값을 구하고, 풀이 과정을 서술하시오. [10점]

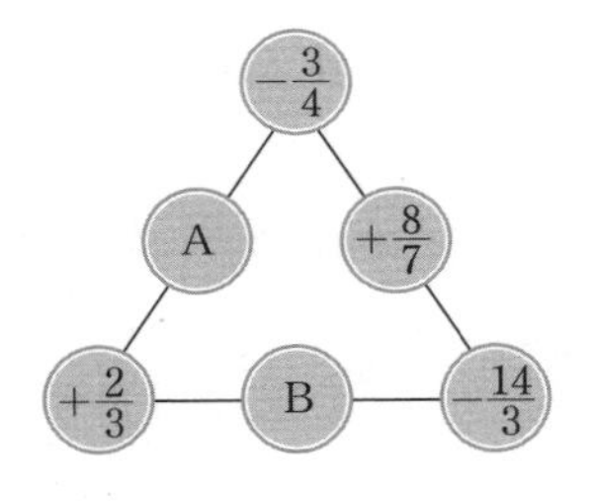

15

150 W, 100 W, 75 W, 60 W짜리 전구를 종류별로 사용해 한강 다리에 조명을 설치하여 서울의 야경을 아름답게 꾸미려 합니다. 사용 가능한 소비 전력이 총 1000 W라 할 때, 4가지 종류의 전구를 모두 사용하여 다리에 조명을 설치하는 방법은 모두 몇 가지인지 구하고, 풀이 과정을 서술하시오.

(단, 전구는 종류별로 여러 개씩 있습니다.) [10점]

과학

16

식물은 생물학적 요소로서 생태계의 바탕이 되는 생산자의 역할을 하고 있습니다. 이런 생산자의 역할이 생태계에서 중요한 이유를 다음의 단어를 이용하여 구체적으로 서술하시오. [10점]

먹이, 산소

17

민석이는 학교로 가는 길 도로 주변에서 가을에 피는 코스모스가 여름에 일찍 피어 있는 것을 보았습니다. 가을보다 이른 여름에 코스모스가 피는 이유를 2가지 서술하시오. [10점]

18

잠수부가 오랜 시간 동안 압력이 높은 물속에 있다가 갑자기 압력이 낮은 물 밖으로 나오게 되면 혈액 속에 기포가 생겨 그 기포가 혈관을 막아 혈액순환을 방해하는 '잠수병'에 걸립니다. 이렇게 무섭고 위험한 잠수병의 발병 원인을 추측하여 서술하시오. [10점]

19

희철이는 강 상류에서 산란을 위해 고향으로 돌아오는 연어를 보았습니다. 연어는 강에서 태어나 바다에서 자라다가 다시 자신의 태어난 곳으로 돌아온다고 합니다. 희철이는 먼 바다에서 살던 연어가 어떻게 산란을 위해 자기가 태어났던 곳으로 돌아오는지 궁금했습니다. 여러분이 희철이가 되어 연어가 자신이 태어난 곳으로 정확하게 돌아올 수 있는 이유를 예측해 보고, 이를 알아보는 4가지 실험을 설계하시오.

(이유가 여러 가지이면 각각에 대한 실험을 설계하시오.) [10점]

• 이유:
  실험 설계:

• 이유:
  실험 설계:

• 이유:
  실험 설계:

• 이유:
  실험 설계:

20

식물성 플랑크톤의 수가 대량으로 증가하여 바닷물이 붉게 물들어 보이는 현상을 적조현상이라고 합니다. 적조현상이 바다 생태계에 주는 영향을 서술하시오. [10점]

21

김치를 담글 때 뻣뻣한 배추를 소금물에 일정 시간을 담가두면 배추의 숨이 죽어 부드러워집니다. 수돗물에 담굴 때는 배추의 숨이 죽지를 않고 뻣뻣한 상태를 유지하는데 소금물에서는 배추가 시들시들하게 되는 이유를 삼투를 이용하여 서술하시오. [10점]

22

최근 영재는 여러 가지 과학 실험 영상에 무척 빠져 있습니다. 그러던 중 영재는 유리잔에 물을 채운 양에 따라 소리가 달라지는 실험 영상을 보았습니다. 모양과 크기가 똑같은 3개의 유리잔 A, B, C에 물을 채운 다음 젓가락으로 유리잔의 윗부분을 두드린다면 A, B, C 중 가장 높은 소리를 내는 유리잔을 고르고, 그 이유를 서술하시오. [10점]

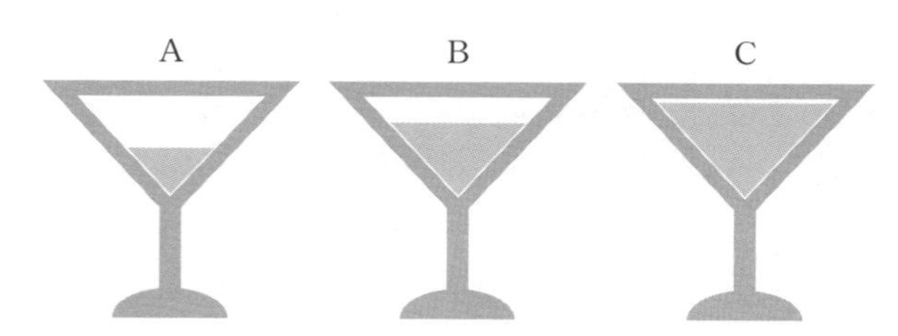

23

물고기의 부레는 부력을 변화시켜 물고기가 수면 쪽으로 또는 물속으로 더 깊이 내려갈 수 있게 도와줍니다. 물고기의 부레와 잠수함의 부력 탱크를 비교했을 때, 그 차이점과 공통점이 무엇인지 서술하시오. [10점]

24

사람들이 오래전부터 만들려고 애썼던 '꿈의 기계', 외부에서 에너지나 동력을 공급하지 않아도 스스로 영원히 움직이는 장치인 영구기관을 만들기 위해 많은 사람들의 도전이 있었지만 모두 실패했습니다. 우리가 영구기관을 만들기 어려운 이유를 서술하시오. [10점]

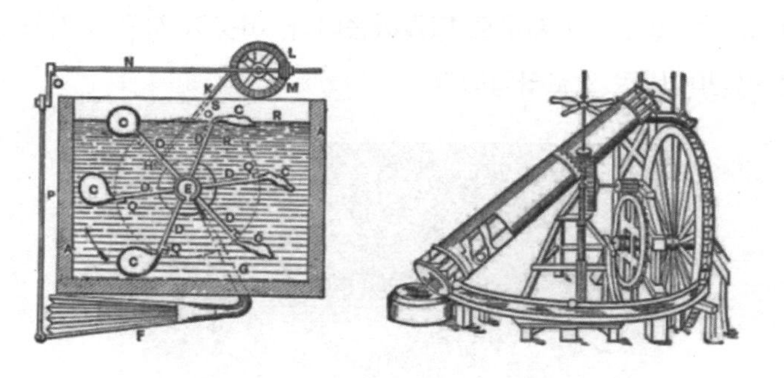

25

태영이는 집 뒤 텃밭을 가꾸고 있습니다. 태영이는 텃밭에 두 종류의 화초를 각각 10그루씩 심고 규칙적으로 물을 주었습니다. 태영이가 심한 몸살을 앓게 되어 그 동안 텃밭을 돌보지 못했습니다. 태영이가 일주일 만에 텃밭에 나갔더니 두 종류의 화초 모두 시들시들해졌고, 한 종류에서는 잎에 노란 반점도 생긴 것을 발견할 수 있었습니다. 화초가 시들해지고 반점이 생기는 여러 가지 비생물학적 요인을 서술하시오. [10점]

26

태양 폭풍이 일어나면 태양은 고온 입자를 방출하고 지구자기장은 이 광폭한 태양풍을 맞아 태양과 마주보는 쪽은 압축되고, 반대쪽은 긴 꼬리를 만들어냅니다. 태양이 방출한 입자 대부분은 지구 방어막을 뚫지 못하고 우주 저편으로 넘어가지만, 일부는 지구자기장의 꼬리 부분에 저장돼 있다가 자기폭풍(Substorm)을 일으키며 지구로 되돌아옵니다. 이것이 지구 대기와 충돌하며 일어나는 현상이 바로 오로라입니다.

오로라는 남극과 북극의 양극지 모두에서 관찰할 수 있지만, 남극 지방은 일반인이 접근하기엔 어려운 곳이어서 오로라 관광지는 북반구에 집중되어 있습니다. 그런데 한때는 한반도도 오로라 관측이 가능한 곳이었다고 합니다. 삼국사기와 고려 시대, 조선 시대까지도 오로라 관측 기록이 나타나는데, 그 수가 무려 700여 건에 달합니다. 특히, 고려 시대의 오로라 관측에 관한 기록은 232건에 달하며 색의 짙기와 분포 범위를 자세히 표현하면 오로라의 세기까지 측정 가능할 정도라 합니다. 다음 물음에 답하시오. [10점]

(1) 오로라가 한반도에서 사라진 이유를 추측하시오.

(2) 오로라의 변화와 같이 한반도의 계절과 낮과 밤의 길이에도 변화가 있었다면 어떠한 이유일지 서술하시오.

27

단백질을 구성하는 아미노산 서열 차이는 생물의 진화와 어떤 관계가 있는지 서술하시오. [10점]

28

최근에는 농사를 짓기 전 겨우내 땅의 성질을 중화시키기 위해 알칼리성의 '석회'를 섞습니다. 하지만 예전에는 사람들이 화장실에 배출한 오줌을 거름으로 이용했습니다. 오줌을 거름으로 이용할 수 있었던 이유를 서술하시오. [10점]

29

소금물을 만들어 30분 동안 알코올램프로 가열한 후, 냉동실에 넣었습니다. 소금물이 식어서 얼어감에 따라 시간에 따른 온도 변화는 어떻게 나타날지 예상하여 그래프로 표현하고, 그 이유를 서술하시오. [10점]

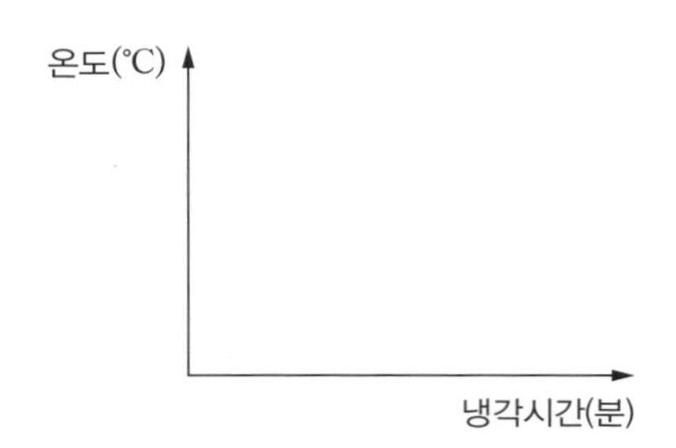

30

여름방학 동안 가족들과 바닷가로 피서를 간 혜영이네 가족은 물속에서 나온 후 수건으로 물기를 닦아내었습니다. 이와 같은 행동을 해야 하는 이유를 서술하시오. [10점]

수고하셨습니다.

스스로 평가하고 준비하는!

대학부설 영재교육원 모의고사

중등

제2회

지원 분야 : ______________________

지역 : ______________________

학교 : ______________________

학년 : ______________________

이름 : ______________________

- 모든 답안을 기록할 때는 글씨를 잘 정돈해서 기록합니다. 단, 글씨를 휘갈겨 쓰거나 겹쳐 쓰게 되면 평가자의 답안의 뜻을 이해할 수 없어서 본의 아니게 감점이 될 소지가 있습니다.
- 내용과 다른 답을 쓸 경우 그 부분은 점수에서 감점이 됩니다.
- 다른 색의 볼펜이나 형광펜은 이용할 수 없으며, 연필 또는 샤프와 지우개로만 답안을 작성해 주세요.

※ 부정행위 등 응시자 유의사항을 다시 한 번 확인하시기 바랍니다.

1

제2회 대학부설 영재교육원 모의고사 중등

◎ 문제를 잘 읽고 문제에서 묻고자 하는 내용을 잘 이해한 뒤 답과 답에 대한 설명을 자세하게 서술하시오.

수학

01

A, B, C가 어떤 일을 하는데 A가 혼자서 하면 3시간, B가 혼자서 하면 4시간, C가 혼자서 하면 12시간이 걸립니다. B가 2시간 동안 일을 한 후, 이어서 남은 일을 A와 C가 같이 완성했습니다. B가 일을 시작한 시각이 오후 2시일 때, 일을 완성한 시각을 구하고, 풀이 과정을 서술하시오. [10점]

02

양의 정수 a, b가 있습니다. a를 5로 나누면 2가 남고, a^2-b를 5로 나누면 3이 남을 때, b를 5로 나눈 나머지를 구하고, 풀이 과정을 서술하시오. [10점]

03

은경이가 어떤 책을 모두 읽는데 5일이 걸렸습니다. 첫째 날에는 전체의 $\frac{1}{10}$, 둘째 날에는 전체의 $\frac{1}{6}$, 셋째 날에는 전체의 $\frac{1}{5}$, 넷째 날에는 전체의 $\frac{1}{3}$을 읽고 마지막 날에는 36쪽을 읽었다고 합니다. 이 책의 전체 쪽수를 구하고, 풀이 과정을 서술하시오. [10점]

스스로 평가하고 준비하는!

대학부설 영재교육원 모의고사

중등

제2회

지원 분야 : ______________________

지역 : ______________________

학교 : ______________________

학년 : ______________________

이름 : ______________________

- ○ 모든 답안을 기록할 때는 글씨를 잘 정돈해서 기록합니다. 단, 글씨를 휘갈겨 쓰거나 겹쳐 쓰게 되면 평가자의 답안의 뜻을 이해할 수 없어서 본의 아니게 감점이 될 소지가 있습니다.
- ○ 내용과 다른 답을 쓸 경우 그 부분은 점수에서 감점이 됩니다.
- ○ 다른 색의 볼펜이나 형광펜은 이용할 수 없으며, 연필 또는 샤프와 지우개로만 답안을 작성해 주세요.

※ 부정행위 등 응시자 유의사항을 다시 한 번 확인하시기 바랍니다.

제2회 대학부설 영재교육원 모의고사 중등

◎ 문제를 잘 읽고 문제에서 묻고자 하는 내용을 잘 이해한 뒤 답과 답에 대한 설명을 자세하게 서술하시오.

수학

01

A, B, C가 어떤 일을 하는데 A가 혼자서 하면 3시간, B가 혼자서 하면 4시간, C가 혼자서 하면 12시간이 걸립니다. B가 2시간 동안 일을 한 후, 이어서 남은 일을 A와 C가 같이 완성했습니다. B가 일을 시작한 시각이 오후 2시일 때, 일을 완성한 시각을 구하고, 풀이 과정을 서술하시오. [10점]

02

양의 정수 a, b가 있습니다. a를 5로 나누면 2가 남고, a^2-b를 5로 나누면 3이 남을 때, b를 5로 나눈 나머지를 구하고, 풀이 과정을 서술하시오. [10점]

03

은경이가 어떤 책을 모두 읽는데 5일이 걸렸습니다. 첫째 날에는 전체의 $\frac{1}{10}$, 둘째 날에는 전체의 $\frac{1}{6}$, 셋째 날에는 전체의 $\frac{1}{5}$, 넷째 날에는 전체의 $\frac{1}{3}$을 읽고 마지막 날에는 36쪽을 읽었다고 합니다. 이 책의 전체 쪽수를 구하고, 풀이 과정을 서술하시오. [10점]

04

다음 그림과 같이 승윤이네 집 마당에는 강아지가 가지고 놀 수 있는 공이 강아지 집 한 모퉁이에 묶여 있습니다. 공을 묶고 있는 줄의 길이가 4 m이고, 강아지 집의 바닥은 한 변의 길이가 2 m인 정사각형입니다. 이때 공이 움직일 수 있는 부분의 넓이를 구하고, 풀이 과정을 서술하시오. (단, 강아지집의 내부는 움직일 수 있는 범위에서 제외하고, 줄은 탄성이 없다고 가정합니다.) [10점]

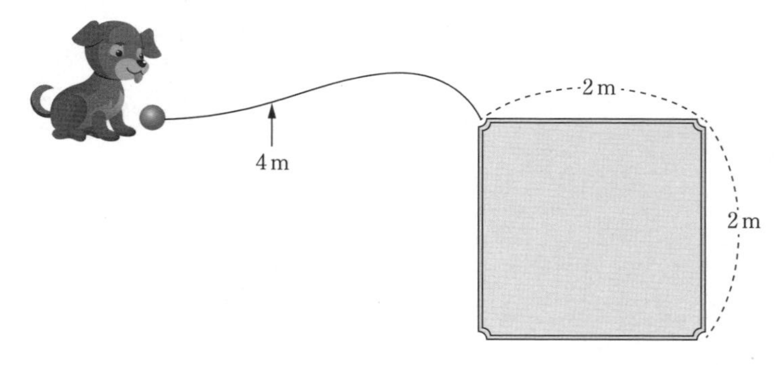

05

다음 그림과 같이 시계가 3시 35분을 가리킬 때, 시침과 분침이 이루는 각 중에서 작은 각의 크기를 구하시오. 또, 그 후 10분 후의 시침과 분침이 이루는 각의 크기를 구하시오. [10점]

06

영훈이는 연봉의 일부를 매년 1월 1일 저금하기로 했습니다. 2020년 1월 1일부터 600만 원을 저금하고, 그 다음 해부터는 연봉의 인상률을 감안하여 저금액을 매년 5%씩 늘려가려고 합니다. 2029년 12월 31일까지의 원리합계를 구하고, 풀이 과정을 서술하시오.

(단, $1.05^{10}=1.63$, 연이율 5%, 1년마다 복리로 계산합니다.) [10점]

07

희수와 진수는 서로 반대편에 위치한 두 도시 A, B에 각각 살고 있습니다. 희수는 B 도시를 향해, 진수는 A 도시를 향해 자전거를 타고 동시에 출발했는데, 도중에 두 도시 사이에 위치한 휴게소에서 두 사람이 만났습니다. 이때 희수는 진수보다 50 km를 더 이동했다는 것을 알게 되었습니다. 두 사람은 휴게소에서 다시 동시에 출발한 후 희수는 4시간 만에 B 도시에 도착했고, 진수는 16시간 만에 A 도시에 도착했습니다. 두 사람의 이동 속력이 각각 일정할 때, 두 도시 A, B 사이의 거리를 구하고, 풀이 과정을 서술하시오. [10점]

08

농도가 서로 다른 두 종류의 소금물 A, B가 있습니다. 80 g의 소금물 A와 60 g의 소금물 B를 섞으면 10%의 소금물이 되고, 60 g의 소금물 A와 80 g의 소금물 B를 섞으면 8%의 소금물이 된다고 합니다. 소금물 A와 소금물 B의 농도를 각각 구하고, 풀이 과정을 서술하시오. [10점]

09

일차함수 $y=\frac{1}{2}x+1$의 그래프와 x축에서 만나고, 일차함수 $y=4x-3$의 그래프와 y축에서 만나는 직선의 방정식을 구하고, 풀이 과정을 서술하시오. [10점]

10

직육면체 모양의 선물상자를 포장하기 위해 여러 가지 방법으로 끈을 매어 보았습니다. 끈의 길이가 그림 (가)와 같이 포장하면 82 cm, 그림 (나)와 같이 포장하면 128 cm, 그림 (다)와 같이 포장하면 132 cm가 됩니다. 이 선물상자의 부피를 구하고, 풀이 과정을 서술하시오. [10점]

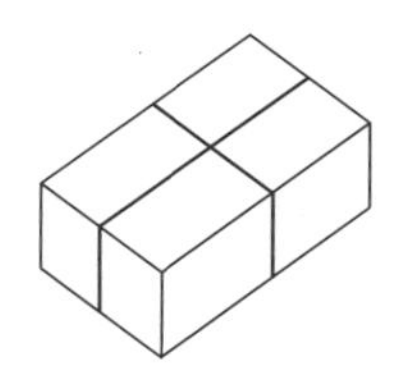
그림 (가)

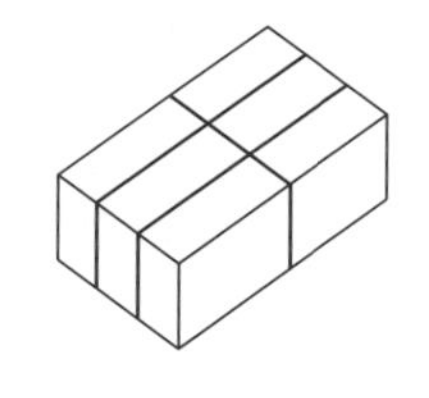
그림 (나)

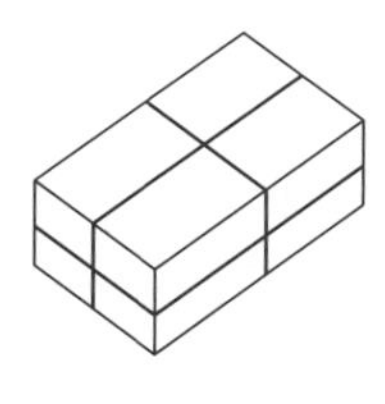
그림 (다)

11

남자 한 사람과 여자 한 사람이 강릉 해변을 걷고 있었습니다. 이 중 한 사람은 검은 머리이고, 나머지 한 사람은 금발 머리입니다. "나는 남자입니다."라고 검은 머리의 사람이 말했습니다. 이번에는 "나는 여자입니다."라고 금발 머리의 사람이 말했습니다. 이 두 사람 중 적어도 한 명은 거짓말을 하고 있습니다. 그렇다면 여자의 머리카락은 무슨 색인지 쓰고, 그 이유를 서술하시오. [10점]

12

한 개당 10000원에 팔면 50000개가 팔리는 5 GB USB가 있습니다. USB 1개당 가격을 x원 올리면 $2x$개가 적게 팔린다고 합니다. 이 USB의 매출을 최대로 높일 수 있는 USB 1개당 판매 가격과 총 매출 금액을 구하고, 풀이 과정을 서술하시오. [10점]

13

이차방정식 $x^2-x-3=0$의 두 근을 α, β라고 할 때, 삼차식 $f(x)$가 $f(\alpha)=\alpha$, $f(\beta)=\beta$, $f(\alpha+\beta)=\alpha+\beta$, $f(\alpha\beta)=-39$를 만족합니다. $f(5)$의 값을 구하고, 풀이 과정을 서술하시오. [10점]

14

중심 도시에서 상품을 구매하는 주변 도시의 전체 구매량은 "주변 도시 B와 신도시 C의 시민들이 중심 도시 A에서 상품을 구매할 때, 각 도시의 전체 구매량은 그 도시의 인구 수에 비례하고, 중심 도시 A와의 거리의 제곱에 반비례한다."는 법칙을 따릅니다. 이 법칙과 다음 표를 이용하여 신도시 C를 건설하려고 할 때, 중심 도시 A에서 구매하는 신도시 C의 전체 구매량이 주변 도시 B의 전체 구매량의 $\frac{1}{2}$이 되도록 하려면 신도시 C의 인구는 몇 명일지 구하고, 풀이 과정을 서술하시오. [10점]

	인구	중심 도시 A와의 거리
주변 도시 B	500000명	20 km
신도시 C		10 km

15

땅콩, 대추, 밤이 들어 있는 상자가 있습니다. 대추의 개수는 밤의 개수의 3배를 넘지 않고, 땅콩의 개수는 밤의 개수의 5배보다 적지 않습니다. 또, 대추와 밤의 개수의 합은 101개보다 많거나 같습니다. 이때 땅콩의 최소 개수를 구하고, 풀이 과정을 서술하시오. [10점]

과학

16

다음 그림은 지표면이 가열되어진 한 낮에 지표면 부근에서 바람이 부는 방향을 나타낸 것입니다.

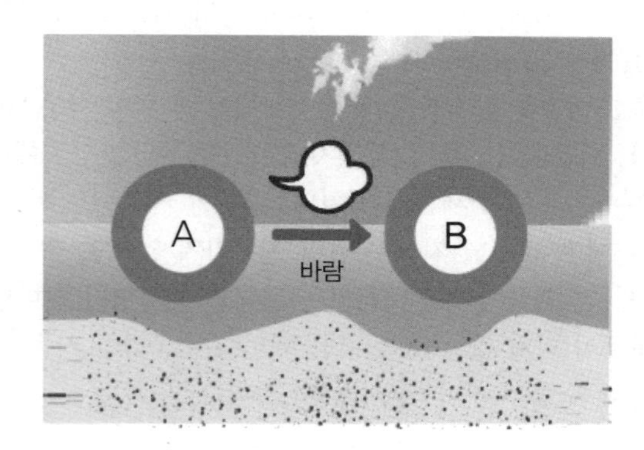

아래에 제시한 단어 중 2개 이상을 사용하여 A에서 B로 바람이 부는 상황을 구체적으로 서술하시오. [10점]

온도, 상승, 하강, 고기압, 저기압

17

겨울철 눈이 오면 도로에 쌓인 눈을 녹이기 위해 길가에 비치된 염화칼슘 포대를 뜯어 길가에 뿌리는 것을 볼 수 있습니다. 눈이 와서 미끄러운 도로와 길에 염화칼슘을 뿌리는 이유를 과학적 원리를 이용하여 서술하시오. [10점]

18

영주는 바닥에 앉아서 책을 읽고 있습니다. 이때 영주는 과학적으로 일을 하고 있는가에 대해 판단하고, 판단한 이유를 구체적으로 서술하시오. [10점]

19

우리는 먹은 음식의 대부분을 에너지원으로 사용하고 노폐물은 몸 밖으로 내보냅니다. 성장에 필요한 양분은 체내에 저장하고 필요시 에너지원으로 사용하기도 합니다. 아침 식사로 먹은 계란 속의 단백질이 하루 동안 내 몸 안에서 거치게 되는 과정을 자세히 서술하시오. [10점]

20

'낮말은 새가 듣고 밤 말은 쥐가 듣는다'는 속담이 있습니다. 이 속담처럼 낮과 밤에 전달되는 소리의 방향을 구체적으로 표현하고, 그렇게 생각한 이유를 서술하시오. [10점]

21

다음은 빛과 식물의 관계에 대한 내용입니다. 글을 읽고 국화 화분에서 국화꽃이 피지 않는 이유를 서술하시오. [10점]

우리 주변에 피고 지는 많은 꽃들은 빛과 관련하여 여러 가지 생장의 차이를 나타냅니다. 카네이션은 낮의 길이가 밤의 길이보다 길어지는 시기인 봄에서 여름으로 바뀌는 계절에 꽃을 피웁니다. 이러한 식물을 장일식물이라 합니다. 반대로 국화는 단일식물이어서 밤이 낮보다 길어지는 시기인 여름에서 가을로 바뀌는 계절에 꽃을 피웁니다.
예선이는 그윽한 국화꽃 향기를 좋아해 꽃집에서 산 국화 화분 20개를 앞마당에 두었습니다. 화분을 산 지 얼마 되지 않아 예선이 집 근처에 예선이의 집 앞마당을 비추는 가로등이 새롭게 설치되었고, 이 가로등은 센서로 작동되어 사람이 지나갈 때만 잠시 켜지고 사람이 지나가지 않으면 꺼집니다. 가을이 지나 밤이 훨씬 긴 겨울이 시작되려고 하는데도 예선이가 앞마당에 둔 국화 화분에서 국화꽃이 피지 않고 있습니다. 예선이는 국화가 시들거나 병충해가 없는데 꽃을 피우지 않는 것이 너무 속상했습니다.

22

기압이 모든 방향으로 작용하기 때문에 나타나는 주변 현상을 2가지 서술하시오. [10점]

23

고무풍선의 모양이 둥근 이유를 서술하시오. [10점]

24

남해로 캠핑을 간 종혜네 가족은 텐트를 친 후 휴대용 가스레인지를 사용해 음식을 조리했습니다. 가족들과 맛있게 음식을 먹은 후, 뒷정리를 하다가 종혜는 휴대용 가스레인지에 넣어 두었던 뷰테인 가스통이 차가워진 것을 발견했습니다. 뷰테인 가스통이 차가워진 이유를 서술하시오. [10점]

25

동욱이는 친구들과 오전에 바닷가에서 비치공을 가지고 신나게 놀았습니다. 동욱이는 점심시간이 되어 점심을 먹으러 가면서 깜박 잊고 바다에 공을 두고 나왔습니다. 점심을 먹고 난 후 바다에 두고 온 비치공을 찾기 위해서 다시 바다로 간 동욱이와 친구들은 물위에 그대로 떠 있는 비치공을 보게 되었습니다. 비치공이 멀리 떠내려가지 않고, 그대로 있는 이유를 서술하시오.

(단, 비치공의 재질은 비닐이고, 바람과 파도는 없었습니다.) [10점]

26

바닷물은 영하 20 ℃에서도 얼지 않습니다. 하지만 바닷물과 동일한 성분의 물을 만들거나 또는 바닷물을 담아서 집으로 돌아와 얼려 보면 영하 3 ℃에서 어는 것을 확인할 수 있습니다. 이렇게 온도차가 나는 이유는 무엇인지 서술하시오. [10점]

27

배가 고픈 수찬이는 라면을 먹기 위해 가스레인지에 불을 켜고, 물이 담긴 냄비를 올려놓았습니다. 물이 끓기 시작하면서 '칙'하는 소리가 들렸습니다. 수찬이가 스프와 면을 넣고 잠깐 자리를 비운 사이 라면이 넘쳤습니다. 이때 파란색 불꽃이 노란색 불꽃으로 바뀌었는데 불꽃의 색이 바뀐 이유를 서술하시오. [10점]

28

세포는 생명체의 구조적, 기능적 기본단위입니다. 이런 세포는 모든 식물과 동물의 몸을 이루고 있으며, 크기는 보통 직경이 10 μm(마이크로미터)에서 100 μm 사이로 일정한 크기를 유지합니다. 식물과 동물의 성장에서 몸체가 커져도 세포의 크기는 커지지 않고 계속 일정한 크기를 유지하는데, 그 이유를 서술하시오.

[10점]

29

우주시대가 개막하고 있습니다. 몇몇 국가들과 민간 기업이 향후 수년 내에 달 표면에 기지를 세우는 임무를 계획하고 있습니다. 하지만 달에는 건물을 지을 수 있는 재료가 없는데 과학자들은 어떻게 달 위에 건물을 짓겠다고 하는 걸까요? 본인이 생각한 창의적인 건축 방법을 5가지 제시하시오.

[10점]

30

다음 그림과 같이 용수철을 손가락으로 눌렀다가 놓았더니 위로 높게 튀어 올랐습니다.

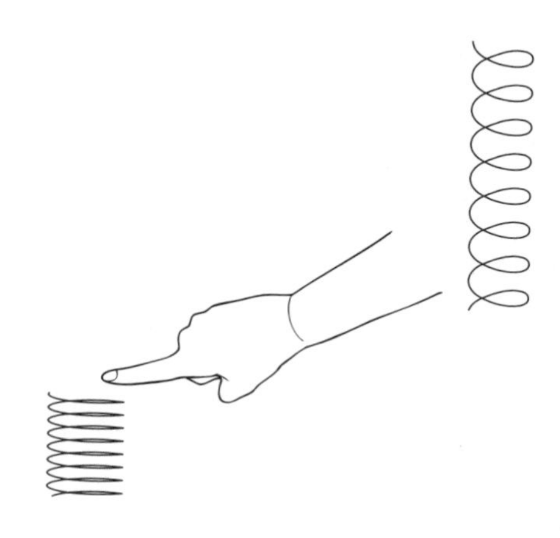

이때 용수철이 튀어 오른 높이에 영향을 주는 요인 4가지를 쓰고, 그 이유를 서술하시오.

[10점]

수고하셨습니다.

스스로 평가하고 준비하는!

대학부설 영재교육원 모의고사

중등

제3회

지원 분야 : ______________________

지역 : ______________________

학교 : ______________________

학년 : ______________________

이름 : ______________________

- 모든 답안을 기록할 때는 글씨를 잘 정돈해서 기록합니다. 단, 글씨를 휘갈겨 쓰거나 겹쳐 쓰게 되면 평가자의 답안의 뜻을 이해할 수 없어서 본의 아니게 감점이 될 소지가 있습니다.
- 내용과 다른 답을 쓸 경우 그 부분은 점수에서 감점이 됩니다.
- 다른 색의 볼펜이나 형광펜은 이용할 수 없으며, 연필 또는 샤프와 지우개로만 답안을 작성해 주세요.

※ 부정행위 등 응시자 유의사항을 다시 한 번 확인하시기 바랍니다.

제3회 대학부설 영재교육원 모의고사 중등

◎ 문제를 잘 읽고 문제에서 묻고자 하는 내용을 잘 이해한 뒤 답과 답에 대한 설명을 자세하게 서술하시오.

수학

01

100명의 학생들이 원형 테이블 주위에 앉아 있습니다. 남학생은 50명이 넘고, 나머지는 모두 여학생입니다. 이때 테이블의 지름 양끝에서 서로 마주보고 앉아 있는 두 학생이 모두 남학생인 쌍이 적어도 한 쌍 이상 있다는 것을 비둘기집의 원리를 이용하여 서술하시오. [10점]

02

어떤 창고 안에 사이즈 230 mm인 부츠가 200개, 사이즈 240 mm인 부츠가 200개, 사이즈 250 mm인 부츠가 200개 보관되어 있습니다. 이들 600개의 부츠 가운데서 왼쪽 발용이 300개, 오른쪽 발용이 300개 있습니다. 이중 왼쪽과 오른쪽이 서로 같은 사이즈인 부츠를 적어도 100켤레 이상 찾을 수 있는 방법을 구체적으로 서술하시오.

(단, 방법을 찾을 수 없다면 그 이유를 구체적으로 서술하시오.) [10점]

03

톱니바퀴 A는 톱니 수가 24개이고 1분간 5회 회전합니다. 톱니바퀴 A에 톱니 수가 18개인 톱니바퀴 B가 맞물려 있고, 톱니바퀴 B에는 톱니 수가 몇 개인지 모르는 톱니바퀴 C가 맞물려 있습니다. 톱니바퀴 A를 1분간 회전시킬 때, 톱니바퀴 C의 톱니 수와 1분간 회전수의 관계식을 구하시오. 또, 이 관계식을 이용하여 톱니바퀴 C의 톱니 수가 10개일 때, 1분간 회전수를 구하시오. [10점]

04

어느 수영장에 배수구가 막혀서 1분당 5 m^3의 물을 퍼내는 양수기로 물을 퍼내려고 합니다. 물을 퍼내기 시작한 지 1시간 후 모터가 고장이 났고, 고장 난 모터를 모두 수리하는 데 30분이 걸렸습니다. 모터를 수리한 후 1분당 퍼내는 물의 양을 수리하기 전보다 1할 증가시켜 퍼냈더니 물을 모두 퍼내는 데 걸린 시간은 예상 시간보다 10분이 더 걸렸습니다. 수영장에 원래 있던 물의 양을 구하고, 풀이 과정을 서술하시오. [10점]

05

6개의 동전 A, B, C, D, E, F가 있습니다. 그 중 5개의 동전의 무게는 서로 같고, 나머지 1개의 동전만 무게가 가볍습니다. 또한, 2개의 동전 A, B의 무게의 합은 2개의 동전 C, D의 무게의 합보다 작고, 2개의 동전 B, C의 무게의 합은 2개의 동전 E, F의 무게의 합보다 작습니다. 이때, 6개의 동전 중 무게가 가벼운 동전을 찾고, 그 방법을 서술하시오. [10점]

06

종착역이 용산역인 어떤 열차가 시속 80 km의 속력으로 부산역을 출발하여 용산역과 120 km 떨어진 천안역을 통과하고 있습니다. 이 속력으로 계속 달리면 도착 예정 시간보다 30분이 늦어진다고 할 때, 도착 예정 시간보다 늦어지는 시간을 15분 이하로 줄여 용산역에 도착하려면 천안역에서부터 시속 몇 km 이상 몇 km 이하의 속력으로 달려야 하는지 구하고, 풀이 과정을 서술하시오. (단, 부산역, 천안역, 용산역의 순서로 통과하며, 도착 예정 시간보다 빨리 도착하지는 않습니다.) [10점]

07

아영이와 우주는 수학 퀴즈 대결을 하고 있습니다. 아영이가 우주에게 "한 내각의 크기와 한 외각의 크기의 비가 3 : 1인 정다각형을 말하고 대각선의 총 개수를 구해 봐."라고 문제를 냈을 때 우주는 어떻게 답변해야 할까요? 실제 답변하는 것처럼 서술하시오. [10점]

08

다음 그림과 같은 5×5 격자보드에서 만들 수 있는 정사각형을 모두 찾으려고 합니다. 먼저 기울어지지 않은 정사각형을 분류하여 각각의 개수를 구하고, 그 다음 기울어진 정사각형을 분류하여 각각의 개수를 구하시오. 또, 이때 적용된 규칙을 찾으시오. [10점]

09

영재가 살고 있는 마을에 정사각형 모양의 2개의 땅이 붙어 있습니다. 다음 그림과 같이 큰 정사각형 모양의 땅은 한 변의 길이가 5 km이고, 작은 정사각형 모양의 땅은 한 변의 길이는 2 km입니다. 붙어 있는 2개의 땅에 도로를 내면서 영재는 그림과 같이 어두운 부분의 땅에 수박 농사를 하려고 합니다. 어두운 부분 땅의 면적을 구하고, 풀이 과정을 서술하시오.

(단, 도로의 폭은 생각하지 않습니다.) [10점]

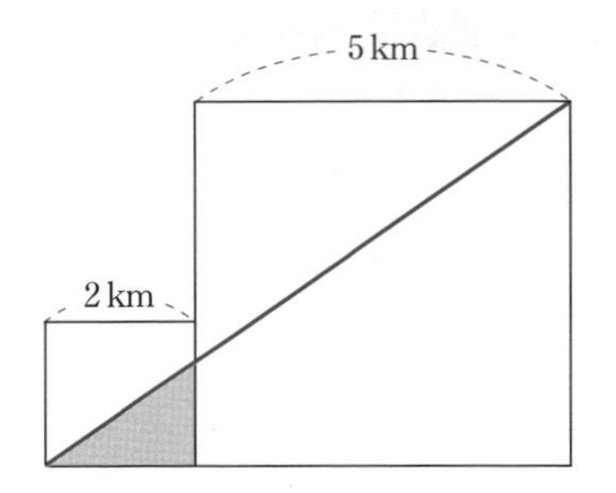

10

동호는 높이가 40 m인 건물 옥상 난간에서 아래에 있는 버스정류장을 내려다 보았습니다. 내려다 본 버스정류장에는 많은 사람들과 버스표지판이 있었습니다. 옥상 난간에서 버스표지판 기둥 밑까지 내려다 봤을 때, 지면과 이루는 각이 다음 그림과 같이 60°입니다. 이때, 그림에서 주어진 두 지점 A, B 사이의 거리를 반올림하여 소수 둘째 자리까지 나타내고, 풀이 과정을 서술하시오.

(단, $\cos 30° = 0.866$으로 계산합니다.) [10점]

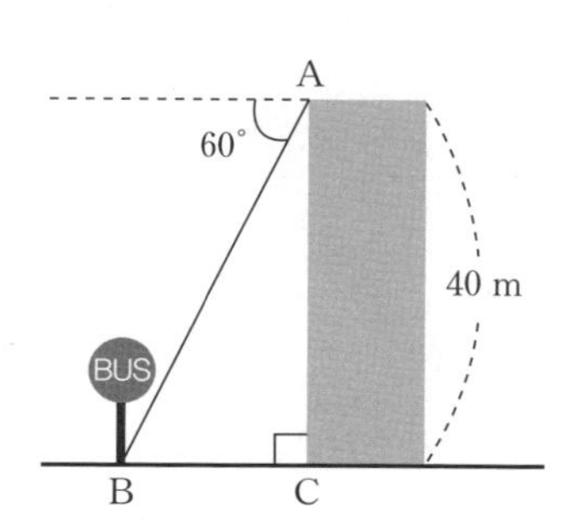

11

규호는 이번 여름방학에 유럽 여행에서 <밀로의 비너스>를 꼭 관람하기 위해 프랑스 파리에 위치한 루브르 박물관을 방문하기로 계획했습니다. 규호가 방학 기간 동안 루브르 박물관을 방문한다는 소식을 들은 담임 선생님께서 다음과 같은 내용의 메시지를 보내셨습니다.

> 규호야, 안녕!
> 담임 선생님이야.
> 어머니랑 1학기 상담을 하던 중 이번 방학에 루브르 박물관을 방문할 계획이 있다고 말씀해 주시더구나. 이번에 가면 비너스 사진 한 장을 찍어서 메시지로 꼭 보내주렴. 부탁할게.
> 그리고 선생님이 규호를 위해서 방학 숙제 한 가지를 미리 보낼게.
> "(문제) 비너스 상의 머리 끝, 배꼽 중심, 다리 끝을 각각 A, B, C라 하고, $\overline{AB}=1$, $\overline{BC}=x$라 가정할 때, $\overline{AC} : \overline{BC} = \overline{BC} : \overline{AB}$를 만족시키는 x의 값 구하기"
> 이것으로 이번 여름방학 방학 숙제는 끝~~~!!!
> 여행 즐기면서 천천히 생각해 보고 메시지 꼭 보내주렴~
> 잘 다녀와!
>
> 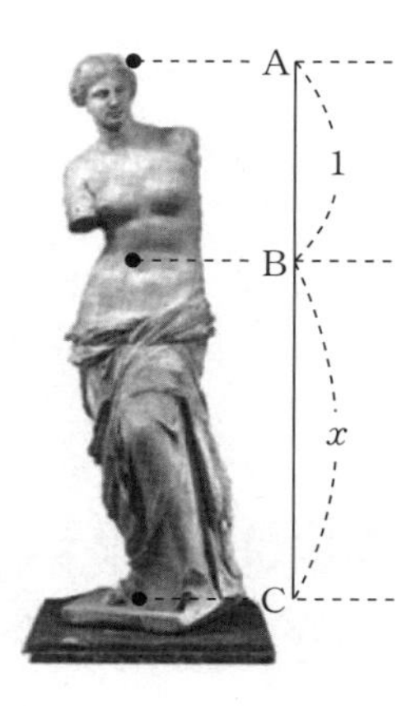
>

규호가 담임 선생님께 보낸 x의 값을 구하고, 풀이 과정을 서술하시오. [10점]

12

다음 그림과 같이 경훈이네 반 7명의 친구들이 원형의 식탁 주변에 둘러서 있습니다. 친구들끼리 한 번씩 악수를 하려고 하는데 서로 이웃한 친구끼리는 악수를 하지 않는다고 합니다. 이때 악수는 모두 몇 번 하게 되는지 구하고, 풀이 과정을 서술하시오. [10점]

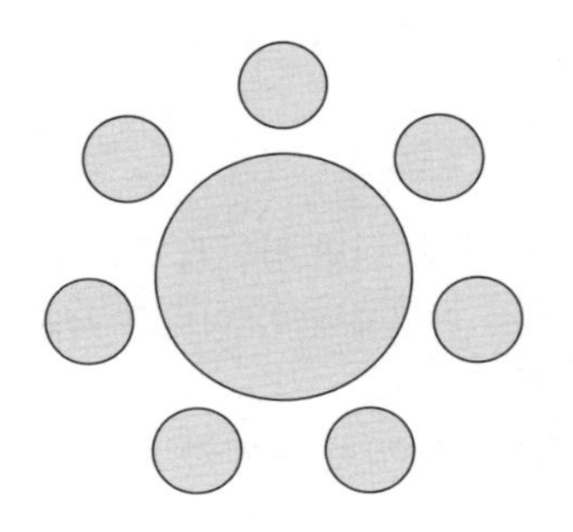

13

다정이는 중간고사가 끝난 후, 미술 수행평가를 위해 반 친구들과 네모 미술관을 관람하기로 계획했습니다. 다정이는 네모 미술관을 관람하고 싶어하는 친구들을 조사했습니다. 네모 미술관의 청소년 요금은 8,000원이고, 30명 이상의 단체 관람객은 30% 할인해 준다고 합니다. 다정이네 반 친구들이 몇 명 이상 관람할 때 30명의 단체 요금 결제가 비용 지출 면에서 유리한지 구하고, 풀이 과정을 서술하시오. [10점]

14

가로의 길이아 3 cm, 세로의 길이가 1 cm인 두 개의 직사각형을 이용하여 알파벳 T를 만들었습니다. 다음 그림과 같이 점 B와 E가 각각 선분 AC와 FD를 이등분하고, $\overline{BE} /\!/ \overline{CG}$입니다. 이때 어두운 부분의 넓이를 구하고, 풀이 과정을 서술하시오. [10점]

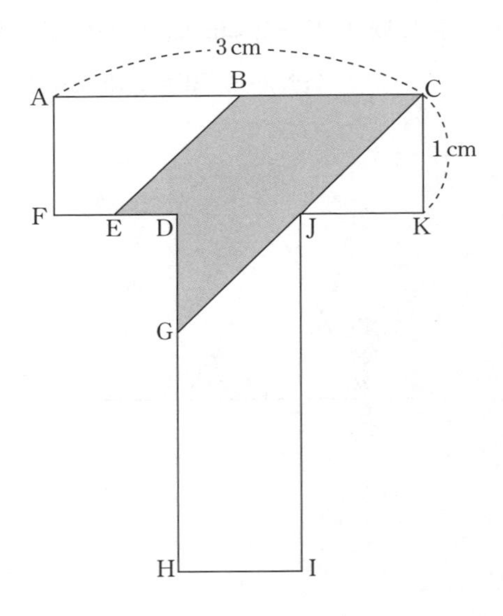

15

다음 물음에 답하시오. [10점]

(1) 시계의 시침과 분침이 3시를 지나 두 시계 바늘이 처음으로 겹치게 되는 것은 몇 분 후인지 구하고, 풀이 과정을 서술하시오.

(2) 시계의 시침과 분침이 4시를 지나 두 시계 바늘이 처음으로 직각이 되는 시각은 언제인지 구하고, 풀이 과정을 서술하시오.

과학

16

다음은 내륙 지역 A와 해안 지역 B에 위치한 도시의 모습입니다.

내륙 지역 A

해안 지역 B

같은 위도에 위치하는 두 지역 A, B는 하루 동안 받는 태양에너지의 양은 같지만, 기상뉴스에서는 일교차가 다르다고 말합니다. 일교차가 더 큰 지역은 어느 곳인지 고르고, 그 이유를 서술하시오. [10점]

17

최근에는 아파트나 주택 등의 건축물에 다음 그림 (B)의 단창처럼 유리 한 장으로 된 창보다 (A)의 이중창을 많이 설치합니다. 이중창으로 설치할 때 장점을 서술하시오. [10점]

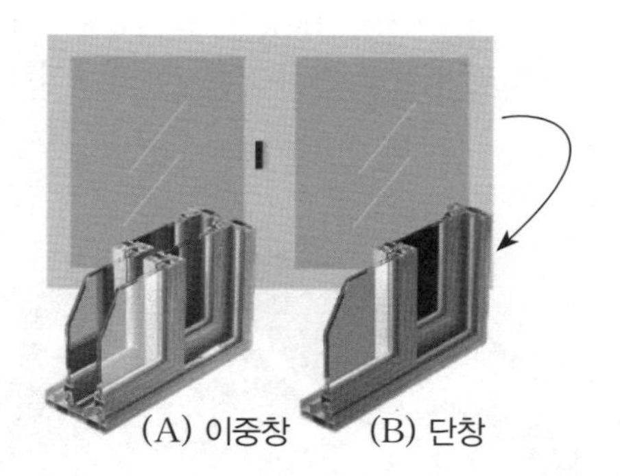
(A) 이중창 (B) 단창

18

다음은 광원이나 물체, 막의 위치를 달리하면 그림자의 위치와 밝기가 어떻게 변하는지 알아보기 위한 실험입니다. 그림자가 현재 막에 생긴 위치보다 위쪽에 생기도록 하려면 광원과 물체를 어떻게 이동시켜야 할지 방법을 2가지 서술하시오. [10점]

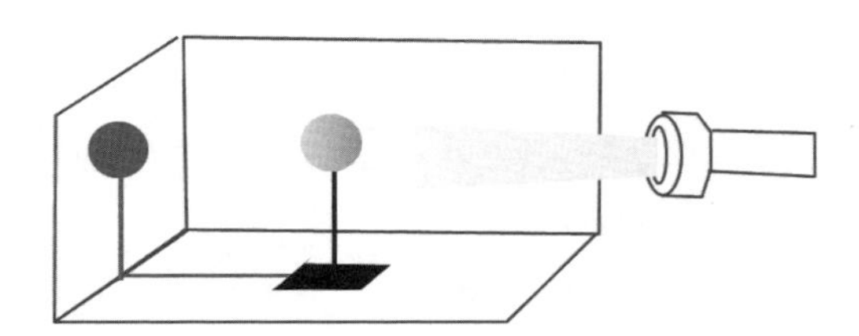

19

다음은 하이브리드 자동차에 대한 설명입니다. 잘못된 부분을 찾아 바르게 서술하시오. [10점]

> 차세대 환경 자동차라고 일컬어지는 하이브리드 자동차입니다. 100퍼센트 전기의 힘만으로 움직이며, 배터리 충전 시간이 길고 주행거리가 짧다는 단점이 있습니다.

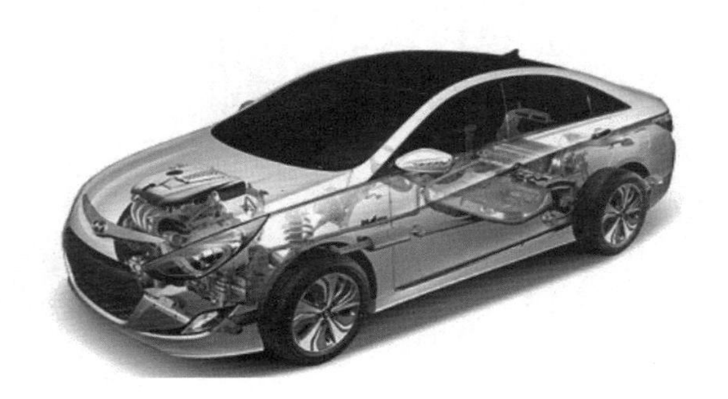

20

밀도에 대해 관심이 많은 재민이는 기름 한 방울의 밀도를 구하고 싶습니다. 기름 한 방울의 밀도를 구할 수 있는 실험 방법을 설계하시오. [10점]

21

대기란 지구를 둘러싼 공기층입니다. 대기 속에는 질소가 약 78%, 산소가 약 21%, 아르곤이 약 0.9% 포함되어 있으며 그 외에도 약 0.03%의 이산화 탄소가 포함되어 있습니다. 만약 대기 중의 산소 농도가 증가한다면 어떤 일이 일어날지 다양하게 예상하여 서술하시오. [10점]

22

석호는 비오는 날 엄마가 운전하는 차 앞 유리창에 뿌옇게 김이 서리는 것을 보았습니다. 엄마는 근처 주차장에 잠시 차를 세우고, 차 유리 안쪽에 뿌옇게 끼는 김을 제거하기 위하여 가지고 있던 샴푸를 얇게 바르셨습니다. 그러자 창은 놀랍게도 깨끗해졌을 뿐만 아니라 더 이상 흐려지지도 않았습니다. 이런 현상이 일어나는 이유를 서술하시오. [10점]

23

지구 온난화로 인해 적도의 해수면 온도가 높아질 경우 발생할 수 있는 현상에 대해 서술하시오. [10점]

24

다음의 두 그래프는 서로 다른 동물이 태어나서 죽을 때까지의 몸의 크기 변화를 나타낸 것입니다. 두 동물의 몸 크기 변화에 대한 차이점과 공통점을 서술하시오. [10점]

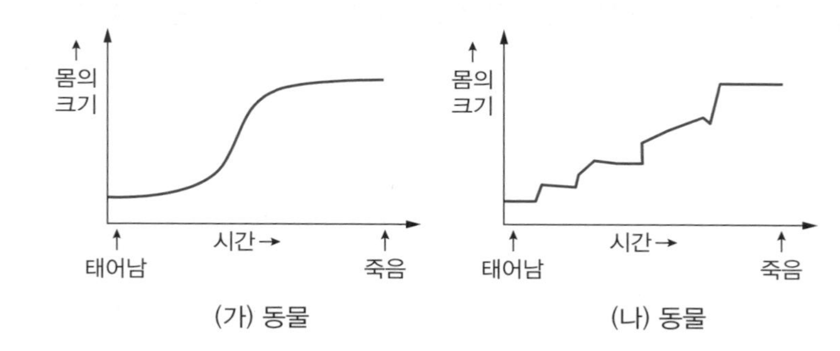

25

액체는 고체와 달리 어떤 모양이나 그릇에든 들어갈 수 있습니다. 액체를 이루고 있는 입자가 고체보다 결합력이 약하여 움직이기 쉽기 때문에 담는 그릇에 따라 모양이 바뀔 수 있습니다. “밀가루는 액체다.”라고 주장하는 친구가 있다면 이 주장은 참인지 거짓인지 판단하고, 그렇게 판단한 이유를 서술하시오.

[10점]

26

지구 재난영화 중 하나인 ‘코어(core)’에서 외핵이 멈춰 자기장이 사라지게 되면 벌어지는 일들이 영화의 전반부에 나옵니다. 이런 지구의 자기장을 만들기 위해 어떤 것이 가장 필요할까요? 자신이 생각한 내용을 서술하시오. [10점]

27

무중력 상태인 인공위성 안에서는 중력이 작용하는 지구와 비교했을 때, 몸에서 어떤 변화가 일어나는지 서술하시오. [10점]

28

다음 그림의 남자의 몸무게는 100 kg입니다. 수영을 하기 위해 물 속에 입수했을 때 이 남자의 몸무게를 재면 몇 kg인지 쓰고, 그렇게 생각한 이유를 서술하시오. [10점]

29

염화나트륨(NaCl)이 물에 녹았을 때 일어나는 입자의 배열에 대해 서술하시오. [10점]

30

다음은 인공적으로 비나 눈을 내리도록 공중에 아이오딘화 은을 살포하는 모습입니다.

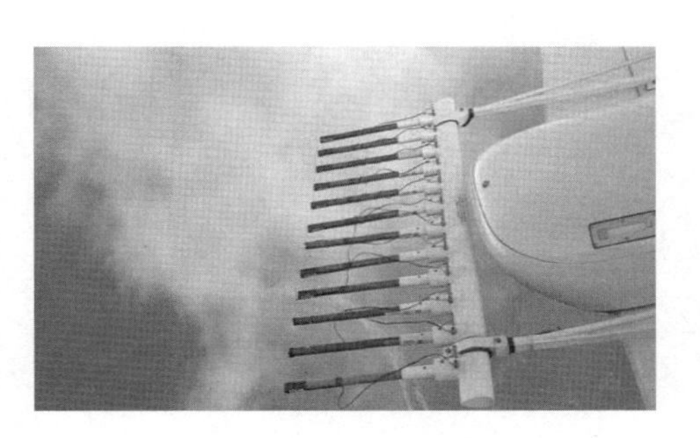

아이오딘화 은을 뿌리는 이유는 어떤 원리를 이용한 것인지 설명하고, 이로 인해 발생될 수 있는 문제점을 서술하시오. [10점]

수고하셨습니다.

스스로 평가하고 준비하는!

대학부설 영재교육원

봉투모의고사

중등

대학부설 영재교육원 집중대비

서울대학교	부산대학교
연세대학교	충북대학교
서울교육대학교	충남대학교
한양대학교	전북대학교
고려대학교	전남대학교
동국대학교	강원대학교
이화여자대학교	인제대학교
성균관대학교	울산대학교
아주대학교	창원대학교
인천대학교	경상대학교
가천대학교	순천대학교
경인교육대학교	안동대학교
청주교육대학교	군산대학교
광주교육대학교	제주대학교
경북대학교	공주대학교
대구대학교	목포대학교
경남대학교	⋮

머리말

<영재교육원 봉투모의고사>를 기획하고 출간하기까지 3년이라는 시간이 지났습니다. 영재교육원에 가고 싶은 학생과 자녀를 영재교육원에 보내고 싶은 학부모님은 많지만, 정보가 부족하여 어려움을 겪는 경우를 많이 접했습니다. 그래서 처음에는 단순하게 영재교육원에 입학하고자 하는 학생에게 도움을 주고자 지필시험에 대한 정보 전달과 문제접근에 대한 트레이닝 정도를 목적으로 시작했습니다.

대치동 미래탐구학원에서부터 시작해 MSG영재교육에 도달하기까지 많은 합격자를 배출하여 학생들과 학부모님들의 큰 관심과 사랑을 받았습니다. 이 과정에서 영재교육원에 합격하지는 못하더라도 수업을 통해 '폭발적' 성장을 하는 아이들을 보며, 습득한 지식을 바탕으로 이루어지는 융 · 복합적 학습이 학생들에게 얼마나 긍정적인 영향을 주는지도 셀 수 없을 만큼 많이 경험했습니다.

'지피지기 백전불태', 자신의 위치를 알면 영재교육원에 접근하기 쉬울 것입니다. 오랫동안 준비해 오면서도 스스로가 접하고 있는 정보가 옳은지, 준비하는 과정이 맞는지 판단하는 것은 결코 쉽지 않습니다. 그래서 영재교육원 합격에 한 걸음 더 크게 내딛는 데 도움이 되고자 <영재교육원 봉투모의고사>를 기획하고, 출간하게 되었습니다.

영재교육원에 가고 싶어 하는 학생 여러분, 영재교육원에 왜 가고 싶나요?

자녀를 영재교육원에 보내고 싶은 학부모님, 영재교육원에 왜 보내고 싶으신가요?

이 질문에 제가 대답해 본다면, 영재교육원을 다니면서 받은 학습의 즐거움은 건강한 교육으로 이어질 수 있기 때문일 것입니다. 배움에 있어 독특하거나 화려하지 않아도 진정성이 있다면 그것만큼 특별한 것은 없습니다. 멋있어 보이는 현학적인 지식이 아니더라도 생각에 깊이를 더해 주는 지식이라면 그것이야말로 가장 특별하고도 진정성이 있는 건강한 배움일 것입니다. 이러한 배움을 영재교육원에서 얻을 수 있습니다.

저와 함께 공부하는 학생들의 대부분은 꿈을 꾸고, 목표를 이루기 위해 행복하게 공부합니다. 누군가가 시켜서 하는 경우보다 본인이 주도적으로 이해하고 스스로가 배움의 즐거움을 느끼면서 한 단계 성장할 수 있도록 개개인의 고유한 잠재력을 키워 나가고 있습니다. 가르치는 사람과 배우는 사람 모두가 행복한 교육, 스스로 학습하며 자신감을 키우고 성장할 수 있는 교육을 해 나가겠습니다. 감사합니다.

저자 **전진홍**

이 책의 구성

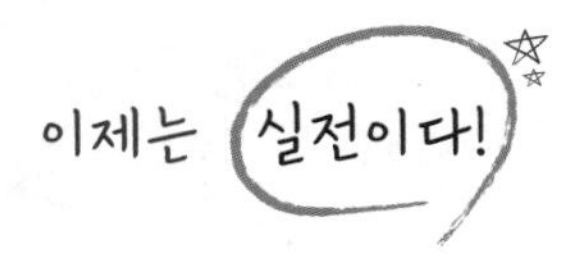

시험지를 그대로 재현한 모의고사

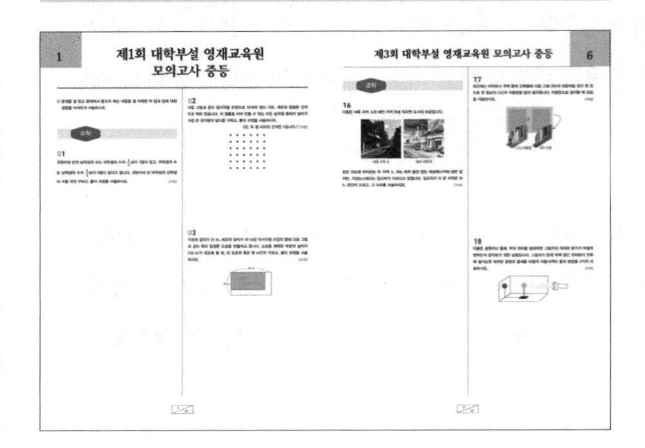

출제 가능성이 높은 문항으로
모의고사를 구성했습니다.

시험 직전, 시험 시간에 맞춰 모의고사를 풀어 보면서
실전 감각을 익히고 실력을 최종 점검해 보세요!

자세하고 명쾌한 해설

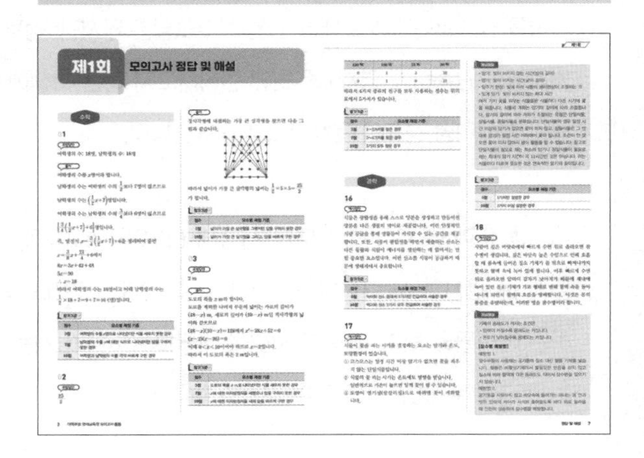

풀어 본 내용을 스스로 점검할 수 있도록
자세하고 명쾌한 해설을 수록했습니다.

해설의 답안과 자신의 답안을 꼼꼼하게 비교하여
실력을 향상해 보세요!

이 책의 차례

대학부설 영재교육원 소개

운영주체에 따른 영재교육기관 구분

주체	프로그램	운영	내용
대학교	영재교육원	교육과학기술부	전국 27개 대학에서 실시/ 한국과학창의재단에서 지원
		교육청	전국 50개 대학에서 실시/ 시 · 도 교육청 지원
교육청	영재학급	단위학급	각 학교에서 실시
		지역공동	인근 및 학교 학생들을 대상으로 학급 구성
	영재교육원	교육청 직속	교육청 직속 운영
		과학고, 과학관 등	과학고, 과학관 직속 운영

대학부설 영재교육원과 교육청 영재교육원의 차이점

비교 항목	대학부설 영재교육원	교육청 영재교육원
관련법령	과학기술기본법, 영재교육진흥법	영재교육진흥법
운영 지원	한국과학창의재단	교육청
중심 강사	대학 교수	교육청 교사
선발 방안	교사관찰추천제+판별도구	교사관찰추천제+판별도구
교육 과정 근거	국민 공통 기본 교육 과정	국민 공통 기본 교육 과정
교육 목적	미래 과학자 발굴/육성 교육	수월성 교육 요구 충족
교육 목표	연구자의 경험 공유	지식의 심화/속진
대상 학년	초 5~6, 중 1~3	초 4~6, 중 1~3, 고 1
교육 과정	기초/심화/사사	기초/심화
교육 방법	강의, 실험 · 실습, 연구	강의, 실험 · 실습
시설 설비	대학 연구실	학교 실험실
중심 과정	사사	기초
주제 발굴	하고 싶은 주제	할 수 있는 주제

대학부설 영재교육원이 필요한 이유?

최근 들어 시대적인 흐름을 반영하며 대학부설 영재교육원이 가진 특징에 맞는 영재들을 선발하기 위해 모집절차에 여러 가지 변화를 주고 있다. 특히 대학부설 영재교육원에서 가장 두드러진 특징은 미래 산업의 주역으로 성장하기 위해 정보 또는 소프트웨어(SW) 분야를 신설하거나 모집정원을 늘리고 있다는 것이다. 또한, 이공계 관련 분야의 직업을 희망하는 학생, 영재교육원에서 영재학교로 진학을 희망하는 학생들에게 심화된 지식과 탐구역량을 성장시킬 수 있는 기회를 주고 있다.

대학부설 영재교육원 소개

대학부설 영재교육원의 설치 지역

설치 대학	교육원 소재지	광역 구분	선발 운영 포괄 지역
서울대학교	서울특별시	특별	서울특별시
고려대학교	서울특별시	특별	서울특별시
서울교육대학교	서울특별시	특별	서울특별시
연세대학교	서울특별시	특별	서울특별시
한양대학교	서울특별시	특별	서울특별시
이화여자대학교	서울특별시	특별	서울특별시
성균관대학교	서울특별시	특별	서울특별시
한국외국어대학교	서울특별시	특별	서울특별시, 경기도
인천대학교	인천광역시	광역	인천광역시
경인교육대학교	인천광역시	광역	인천광역시
아주대학교	경기도 수원시	수도권	경기도
동국대학교	경기도 고양시	수도권	경기도
가천대학교	경기도 성남시	수도권	서울특별시, 경기도, 인천광역시
대진대학교	경기도 포천시	수도권	경기도
강원대학교	강원도 춘천시	시	강원도 및 경기도 일원
충북대학교	충청북도 청주시	시	충청북도, 세종특별자치시
청주교육대학교	충청북도 청주시	시	충청북도
공주대학교	충청남도 공주시	시	충청남도, 대전광역시, 세종특별자치시
충남대학교	대전광역시	광역	대전광역시, 세종특별자치시
경북대학교	대구광역시	광역	대구광역시
대구교육대학교	대구광역시	광역	대구광역시, 경상북도
대구대학교	경상북도 경산시	시	경상북도
안동대학교	경상북도 안동시	시	경상북도
금오공과대학교	경상북도 구미시	시	경상북도
전북대학교	전라북도 전주시	시	전라북도
군산대학교	전라북도 군산시	시	전라북도
전남대학교	광주광역시	광역	광주광역시, 전라남도
광주교육대학교	광주광역시	광역	광주광역시, 전라남도
순천대학교	전라남도 순천시	시	전라남도
목포대학교	전라남도 무안군	시	전라남도
부산대학교	부산광역시	광역	부산광역시, 양산시, 밀양시
울산대학교	울산광역시	광역	울산광역시, 경상남도
경남대학교	경상남도 창원시	시	경상남도
경상대학교	경상남도 진주시	시	경상남도
창원대학교	경상남도 창원시	시	경상남도
인제대학교	경상남도 김해시	시	경상남도 김해시
제주대학교	제주특별자치도 제주시	시	제주특별자치도

서울특별시 주요 대학부설 영재교육원 특징 비교

학교	선발 인재상의 변화	특징
서울대학교	사회적 지능, 지적 호기심, 독서력, 열정, 감사하는 마음	❶ 자소서 작성 시 독서에 대한 부분은 관련 전공 분야에 대한 깊이가 있는 책을 선택하여 "전공–인문–인성" 순서로 본인 어필이 필요 ❷ 서울대는 자소서 항목이 서울대 입시 자소서와 비슷하기 때문에 수준을 학생에 맞추어서 쓰는 것보다 학생이 전문적인 지식을 가지고 있는 것을 보여 줄 수 있게끔 글을 다듬어 작성 ❸ 원고지 형태로 제출하며, 글자 수 제한에 절대적으로 신경써야 함 ❹ 비교과 수상 내역에서 탐구적인 역량을 부각하기 위해 개념 이론에 대한 기록보다는 자신이 직접 탐구한 내용 한 가지를 꼼꼼하고 깊이 있게 적어 자소서 내용을 작성 ❺ 서울대 영재교육원은 학습량이 많은 학생들을 우선 선발할 가능성이 매우 높을 것으로 판단되나, 오히려 독서량이 많아 외부적인 활동이나 체험적인 활동으로 학습이 되어 있는 학생들을 주로 선발 ❻ 선발 시 지필평가가 있으며, 자신이 지원하는 분야에 관련된 영역에서 고르게 문제가 출제 되고 있음(23학년도 선발기준)
서울교육대학교	지적 호기심, 열정, 낙관성, 독서력	❶ 모집 선발에 대한 변화를 평균 2년마다 주고 있다고 판단됨 ❷ 전년도 경향 분석을 통한 전략적 준비가 필요(수학, 과학, 정보에 관한 문제가 고르게 출제되어 응시자의 역량을 파악함) ❸ 교과적인 선행과 심화학습 없이 시험을 준비하기 어려움 ❹ 지원 분야에 상관없이 기본적인 코딩 능력을 필요
고려대학교	지적 호기심, 학습적 역량, 문제해결력	❶ 온라인 과제 평가 기간(12주)을 통한 문제해결 과정에 대한 평가 실시 ❷ 24학년도 모집부터 3월에 선발하던 방식을 변경하여 9월에 모집 ❸ 선발 과제에 대한 역량 평가를 통해 응시기간 동안에도 지원자가 성장하도록 함
연세대학교	학습적 역량, 사회적 지능, 열정	❶ 1차 통과 후 작성하는 자소서 내용에 글자 수 제한 없음 ❷ 자소서에는 본인이 어필하고 싶은 내용을 모두 기재하도록 함 ❸ 철저하게 본인이 학습한 내용을 모두 기재하고, 수상 실적 내용과 학습 진도 과정 기재 가능 ❹ 특히 비교과에 대한 수상 실적은 내용과 함께 구체적으로 설명해 주어야 함 ❺ 자소서는 깔끔하게 기재하여 제출하도록 하는 기본적인 매너를 지켜야 함 ❻ 초 6, 중 1 지원 학생들 중에서 영재고를 준비한 경험이 있는 학생이라면 지필시험에서 유리함 ❼ 수학 기준: 수상/수하 수준, 과학 기준: 중등 과정 심화 수준

※ 한양대학교, 동국대학교, 이화여자대학교, 성균관대학교, 가천대학교 영재교육원에 대한 특징은 별도로 기재하지 않았습니다. 해당 영재교육원 사이트에서 확인해 주세요.

※ 선발 과정이 변경될 수 있으니 반드시 2024학년도 모집요강을 확인하시기 바랍니다.

면접의 순서 및 자세

면접은 최초 3분이 매우 중요합니다. 이 시간 동안 지원자는 면접관에 대해 역면접을 하게 되며, 서로가 첫인상을 바탕으로 나름대로의 평가를 하게 됩니다. 이 최초 3분에서 어떤 자세와 태도를 가지고 있느냐에 따라 나머지 시간의 활용과 효과가 달라집니다. 지원자는 긍정적인 정보를 먼저 말하는 것이 좋습니다. 면접관이 긍정적인 정보를 먼저 접하면 그 다음 질문이나 필요 요건을 수용적으로 평가하는 반면, 부정적인 정보를 먼저 접하면 여기에 영향을 받아 평가에도 부정적인 영향을 줄 수 있는 심리적 오류를 범할 수 있기 때문입니다. 지원자는 이 최초 3분에서 면접관에게 좋은 인상을 주어야 하며, 별도의 평가 기준이 존재하지만 좋은 인상은 평가에 영향을 미칠 수 있는 소지가 충분히 있습니다.

면접 및 구술 시험은 크게 3가지로 구분될 수 있습니다. 개인 면접, 집단 면접, 그리고 집단 토론식 면접입니다. 면접의 객관성을 유지하기 위해 보통 면접관(평가자)는 2인 이상입니다. 면접이란 얼굴을 맞대고 언어를 매개로 하여 면접관과 학생 간의 상호 작용을 바탕으로 학생이 지닌 특성을 분석하는 방법입니다. 면접은 지필검사로 측정할 수 없는 학생들의 신체적 특성이나 성격, 정서, 행동 특성을 면접관의 눈을 통해 직접 측정하는 데 목적이 있습니다. 즉, 면접은 면접관의 직접 관찰을 통해 응시하는 학생이 가지고 있는 특성들을 객관적인 태도를 견지하며 종합적으로 평가하는 방법이라 할 수 있습니다.

면접에서는 면접에 임하는 자세와 태도 또한 중요합니다. 면접이라는 방법을 통해서 다양한 질문과 응답이 오고갈 것입니다. 이러한 과정 속에서 응시자는 응답 내용뿐만 아니라 면접에 임하는 자세와 태도를 토대로 평가받게 되므로 여러 가지 측면에서 준비해야 합니다. 먼저 면접에 임하는 응시자는 진지한 태도를 갖되 지나치게 경직되거나 긴장하지 않도록 마음의 여유를 갖고 안정된 상태를 유지하도록 노력합니다.

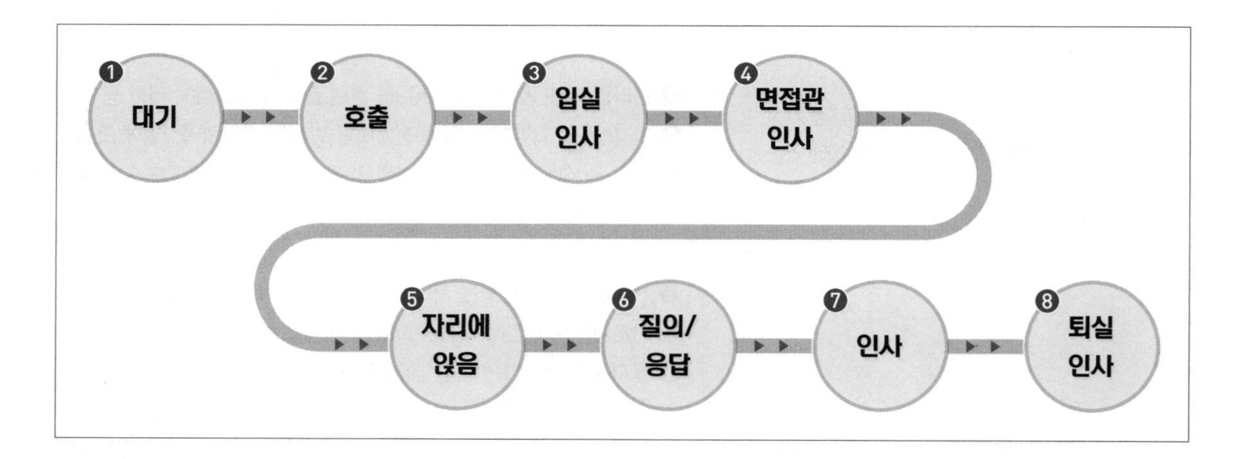

★ 심층면접 대비를 위해서 따로 공부를 하는 것보다는 평소에 수학 · 과학에 관련된 책이나 기사를 편한 마음으로 읽어둡니다. 그리고 나서 면접 기출문제나 비슷한 문제에 대해 스스로 생각해 보고 발표하는 연습을 해 보는 것이 좋습니다.

★ 생각한 내용을 주절거리지 말고 간략하게, 자신 있게, 조리 있게 발표합니다.

★ 면접관에게 잘 보이기 위해 본인이 알고 있는 사실이 아닌 과장되거나 허황된 답변을 한다면 오히려 독이 됩니다. 본인이 알고 있는 내용 안에서 최대한 성의 있게 쓰고 말합니다. 혹시 본인이 모르는 문항이 나왔다면 당황하지 말고 "지금은 정확히 모르지만 앞으로 더 열심히 공부하고 노력하겠다."라는 의지를 표현하는 것이 좋습니다.

스스로 작성해 보는 면접 대비 평가서

면접 평가 체크리스트

20 . . .　이름:

구분	관찰내용	점수
일반능력	또래 아이들보다 풍부한 어휘력을 구사한다.	5 4 3 2 1
	새로운 정보에 대한 이해가 빠르다.	5 4 3 2 1
	어떤 상황이나 현상에 대한 인과 관계를 빨리 파악한다.	5 4 3 2 1
	자신의 생각을 논리적으로 표현한다.	5 4 3 2 1
	소계	
리더십	분명한 삶의 목적과 사명 의식을 가지고 있다.	5 4 3 2 1
	자신의 능력을 믿으며 스스로를 자랑스럽게 여긴다.	5 4 3 2 1
	모둠 활동을 할 때 다른 친구들과 뜻을 잘 맞추면서 한다.	5 4 3 2 1
	소계	
학업적성	지원하는 분야에 대한 호기심이 강하다.	5 4 3 2 1
	지원하는 분야와 관련된 배경지식이 다양하고 풍부하다.	5 4 3 2 1
	소계	
창의성	어떤 상황이 발생되면 다양한 아이디어를 산출해 낸다.	5 4 3 2 1
	주어진 문제에서 다양한 시각으로 방법을 찾아 해결한다.	5 4 3 2 1
	문제를 해결하기 위해 산출한 아이디어나 자료를 논리적으로 분석하고 추론한다.	5 4 3 2 1
	소계	
합계		점
종합의견		

 면접 점수 총점 기준표

총점 구분	등급	내용
51～60점	A+	2014～2023학년도 면접 응시자를 대상으로 진행한 평가에서 합격한 학생들의 최저 점수가 36점이었습니다. 이 경우는 순간적인 판단이 중요하므로 상황에 대한 순발력을 기르고 자신이 읽었던 수학 · 과학 책의 내용을 정리하며 마무리할 것을 권장합니다.
41～50점	A	
36～40점	B	
31～35점	C	면접 상황에서 많이 긴장하여 순간적으로 질문에 대한 답변이 정리가 잘 안 되는 경우가 많습니다. 집에서 핸드폰 촬영 등을 통해 자신의 모습을 보고 부족한 부분을 보완해 주세요.
21～30점	D	
20점 이하	E	많은 노력이 필요합니다. 질문에 대한 이해가 늦고 면접이라는 긴장감이 더해져 입을 떼기가 어려운 상태입니다. 남은 기간 면접에 집중해야 하는 상태입니다.

 면접 점수 총점에 대한 이해

대학부설 영재교육원 1차 지필평가를 통과한 학생을 대상으로 2014～2023학년도 면접 응시자 합격 데이터를 활용하여 작성한 등급 구간입니다.

합격 당락을 좌우하는 자료로 활용하기보다는 남은 기간 동안 필요한 노력에 대한 방향을 설정하는 자료로 활용하는 것이 좋습니다.

면접에 대한 예상질문과 답변의 TIP!

01 **달에 야구장을 만들었을 때 야구 경기를 진행하는 동안 어떤 일들이 발생할 수 있는지 말해 보시오.**

TIP 야구물리학을 참고하여 물리학적으로 답변한다.

02 **자소서 및 산출물에 대한 내용 질문**

TIP 자소서 내용 및 산출물에 대한 세부 내용을 숙지한다.

03 **소수의 정의에 대해서 말해 보시오.**

TIP 소수의 정의를 내리고 자신이 가진 소수에 대한 의견을 이야기하는 것이 중요하다.

04 **1이 소수인지 아닌지에 대해서 설명하시오.**

TIP 1이 소수인지 아닌지에 대해 답변한 후 가볍게 질의를 할 수 있도록 상황 전개를 유도한다.

05 **다음에 주어진 그래프를 보고 설명하시오.**

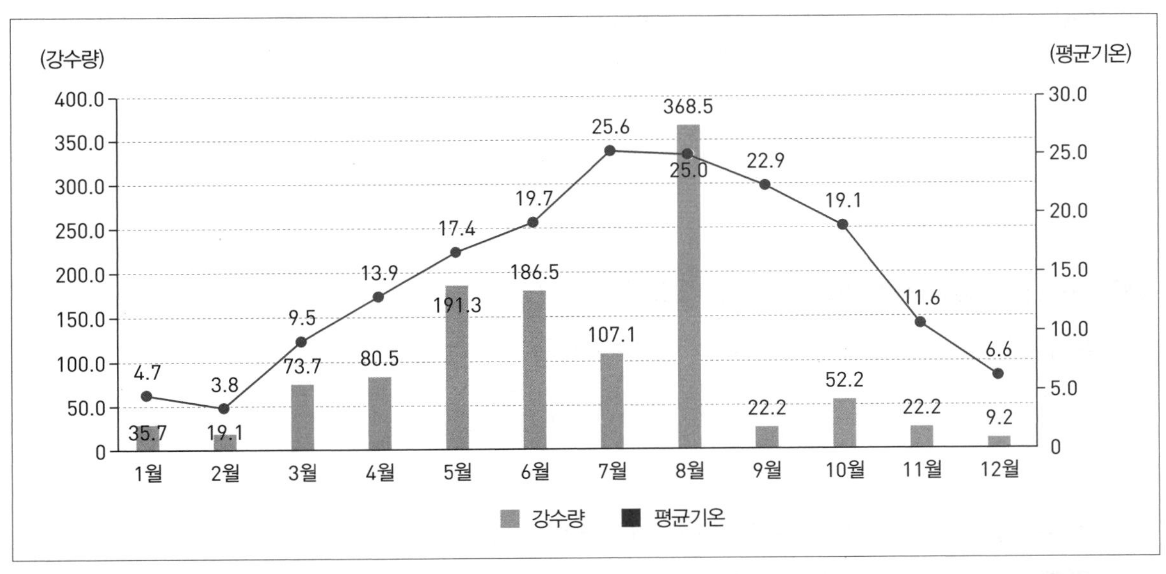

TIP 그래프에 대한 내용은 없지만 그래프를 읽을 때는 x축이 대입값(원인), y축이 결과값인 것을 인지하고 분석하여 답변하는 것이 중요하다.

06 **서로 친구인 A와 B가 길을 가다가 바닥에 떨어진 핸드폰을 주웠다. 이 핸드폰의 처리에 대해 A와 B가 옥신각신하게 된 상황을 본인이 길을 가다가 마주쳤다면 본인은 어떻게 대처할지 말해 보시오.**

TIP 인성문제에 대한 답변은 옳고 바르게 답변하는 것도 매우 중요하지만 상황에 대한 자신의 배려와 비평이 같이 들어가야 하며, 미래에 개선할 수 있는 사항이 무엇인지에 대해서도 이야기할 수 있어야 한다.

07 **태양이 없으면 지구가 어떻게 될지 말해 보시오.**

TIP 태양이 없을 경우 단순히 지구가 얼음별이 된다는 생각으로 접근하지 말고, 대안점을 제시할 수 있는 답변을 해야 한다.

08 **태양계의 행성들 간의 거리가 점점 멀어진다면 지구에서는 어떤 일이 발생할지 말해 보시오.**

TIP 태양계의 행성들 간의 거리가 멀어지는 것은 태양의 만유인력과 행성의 원심력에 대한 내용으로 답변하기 쉬우나, 우주 팽창이론으로 접근하여 답변하는 것이 좋다.

09 **일반인을 대상으로 생체 실험을 하는 것이 옳다고 생각하는가? 옳지 않다고 생각하는가? 자신의 의견을 말해 보시오.**

TIP 생체 실험과 임상 실험에 대한 정의를 먼저 알고 있어야 답변하기 쉽다. 윤리적인 면에서만 답변을 하다 보면 핵심을 놓칠 수가 있으므로 나치의 인체 실험에 대한 자신의 의견을 간단하게 설명하고 복제인간의 활용과 반윤리성을 같이 답변에 활용하면 좋다.

10 **'운동량과 충격량이 같다'라는 식을 유도해 보시오.**

TIP $F=ma$와 $a=\frac{V}{t}$라는 공식을 이용하여 유도한다.

11 **부모님의 직업이 의사인데, 본인은 의사가 될 마음이 있는지 말해 보시오.**

TIP 의사에 대한 직업관에 대해서는 서울대학교 전체가 반론이 거세므로, 지금 본인 스스로가 이공계열에 대한 관심을 피력하기 위한 면접 질의 장소에 있다는 것을 잊으면 안 된다. 이 질문에 대해서는 반대하고 자신이 과학에 대한 열정이 있음을 면접관에게 알려야 한다.

12 오늘 가지고 온 <인포메이션>이라는 책을 선택한 이유를 말해 보시오.

TIP 우리는 그 누구라도 컴퓨터 혹은 스마트폰만 가지고 있으면 세계 어느 나라든 실시간으로 정보 전달과 소통이 가능한 시대에 살고 있다. 그러나 전기통신이 출현하기 전에는, 멀리 떨어져 있는 곳에 소식이나 정보를 전달하는 것은 쉬운 일이 아니었다. 전화, 팩스, 인터넷, 스마트폰 등 우리가 현재 사용하는 편리한 소통의 도구들은 어떻게 발명되고 발전하게 된 것일까? 이 책은 이와 같은 이야기를 다루고 있다는 간략한 내용 설명과 이유를 말한다.

13 <카오스>라는 책에 제시된 '나비 효과'의 개념은 무엇인지 예를 들어서 설명하시오.

TIP 나비 효과는 혼돈 이론에서 초기값의 미세한 차이에 의해 결과가 완전히 달라지는 현상임을 알고, 이것과 연관지어 답변한다.

14 씽크홀이 생기는 이유는 무엇이며, 중력을 측정하는 장비가 있을 경우 돌고 있는 지구에서 씽크홀이 있는 곳을 예측하고 측정할 수 있는지 설명하시오.

TIP 씽크홀의 발생 원인에 대해 숙지하고 중력과 자전하는 지구의 관계를 논리적으로 설명할 수 있는 것이 중요하다.

15 해수의 수온층은 어떻게 구분되며, 수온약층이 생기는 원인은 무엇인지 말해 보시오.

TIP 혼합층, 수온약층, 심해층으로 구분되는 것과 원인에 대해 같이 말해야 한다.

16 우리나라의 산은 주로 화강암으로 이루어져 있다. 이렇게 화강암으로 이루어진 이유를 말해 보시오.

TIP 화강암은 땅속 깊은 곳에 있는 마그마가 천천히 냉각되어 알갱이가 큰 조립질의 암석이다. 이런 암석이 지각변동에 의해 위로 솟아오르게 되면서 산맥을 이루고 있는 산의 형태로 모양을 갖추게 되었다고 설명해야 한다.

17 **다음의 그래프를 해석하시오.**

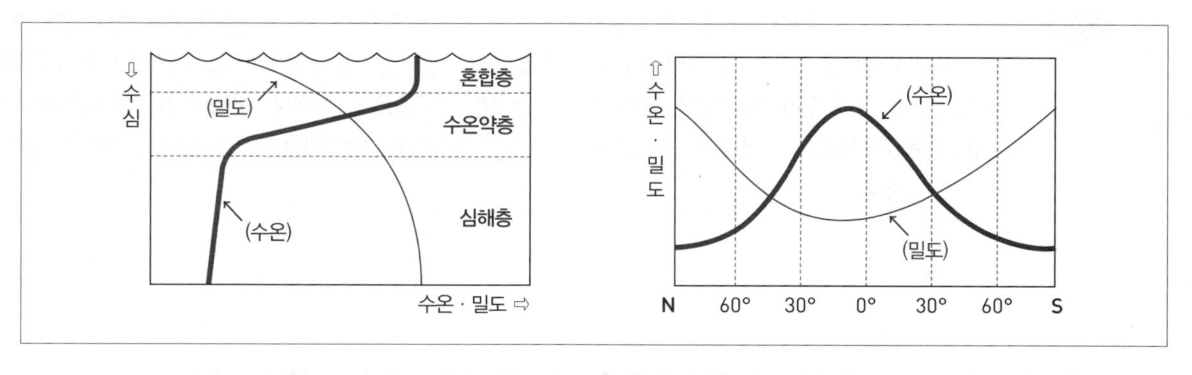

TIP 바다 속 온도 및 염분, 수심 그래프에서 각 그래프의 곡선이 무엇을 의미하는지 설명할 수 있어야 한다.

18 **자신이 일상생활에서 경험한 것 중 과학적 원리가 적용된 경우를 한 가지 말하고, 그 경험에서 적용되었던 과학적 사례를 말해 보시오.**

TIP 일상생활에서 과학적인 경험은 무한가지이다. 너무 어렵게 설명하지 말고 자신이 오늘 면접장에 도착할 때까지 본 것에 대한 과학적 경험을 토대로 이야기를 전개해 나가도 좋다.

19 **햄과 베이컨 등과 같은 육가공품 처리과정에 대해서 화학적으로 설명하시오.**

TIP 아질산염 처리에 대한 내용을 토대로 설명하면 된다. 이런 내용은 시사성을 많이 담고 있어 시사적인 부분을 포함해 이야기를 하는 경우가 있으나 육가공 과정에서 사용된 물질의 화학반응과 육류에 미치는 영향 정도까지만 답변하는 것이 좋다.

20 **알고리즘이 무엇인지 설명하시오.**

예시답변 알고리즘이란 어떠한 주어진 문제를 풀기 위한 절차나 방법을 말하는데 컴퓨터 프로그램을 기술함에 있어 실행 명령어들의 순서를 의미합니다.

21 **○○ 영재교육원에 들어와서 본인이 공부하면서 해 보고 싶은 일이 있다면 무엇인지 말해 보시오.**

예시답변 제가 가진 실력을 바탕으로 개인적인 이익보다 사회적으로 기여할 수 있는 프로그램을 만들고 싶습니다. 그래서 미래의 계획을 이곳 ○○ 영재교육원에서 학습하는 동안 구체화하고 싶습니다. 이런 계획을 가지고 ○○년도 올해는 로봇 프로그램(경우에 따라서는 다른 예시를 들어도 괜찮다)에 대한 공부를 같이 해 보고 싶습니다.

22 '빅데이터'란 용어에 대해서 말해 보시오.

예시답변 빅데이터는 말 그대로 엄청나게 많은 데이터의 집합체입니다. 그리고 인간의 의도에 따라서 이 데이터에서 여러 가지 정보를 선별 · 분석하여 향후 다가올 미래를 예측하거나 사용하고자 하는 목적에 맞게 접목시킬 수 있습니다. 빅데이터에는 규모, 다양성, 속도라는 3가지 조건이 있습니다. 정보화 혁명 이후는 데이터를 수집하는 속도보다 데이터가 생겨나는 속도가 더 빠르다고 합니다. 하지만 빅데이터를 이용하면 인터넷을 사용하는 모든 인구 20억~30억 명의 정보와 의견을 아주 빠르고 정확하게 종합해 낼 수 있습니다. 쓸데없는 의사결정과정을 줄임으로써 시간을 절약하고 효율적으로 움직일 수 있을 것입니다. 국가의 입장에서는 재난이나 사고를 더욱더 줄이고 국가경쟁력을 키울 수 있으며, 개인의 입장에서는 다가올 미래를 조금이라도 대비할 수 있게 됩니다.

23 코딩(coding)에 대해서 말해 보시오.

예시답변 컴퓨터에서는 데이터 처리 장치가 받아들일 수 있는 기호형식에 의해서 데이터를 표현하는 것을 코딩이라 합니다. 하지만 코딩이라는 것은 우리 생활 어느 곳에서나 찾아볼 수 있습니다. 심지어는 라면 봉지 뒤에 적힌 '라면 끓이는 방법'도 일상생활에 녹아 있는 코딩이라 할 수 있습니다. 그래서 스스로가 코딩에 대해서 정의를 내려 본다면 '목적을 이루기 위한 프로세스'라 말하고 싶습니다.

24 인공지능(AI)의 뜻에 대해서 설명하시오.

예시답변 인공지능이란 사고나 학습 등 인간이 가진 지적 능력을 컴퓨터를 통해 구현하는 기술입니다. 인공지능은 개념적으로 강 인공지능(Strong AI)과 약 인공지능(Weak AI)으로 구분할 수 있습니다. 강 인공지능은 사람처럼 자유로운 사고가 가능한 자아를 지닌 인공지능을 말합니다. 인간처럼 여러 가지 일을 수행할 수 있다고 해서 범용인공지능(AGI, Artificial General Intelligence)이라고도 합니다. 강 인공지능은 인간과 같은 방식으로 사고하고 행동하는 인간형 인공지능과 인간과 다른 방식으로 지각 · 사고하는 비인간형 인공지능으로 다시 구분할 수 있습니다. 약 인공지능은 자의식이 없는 인공지능을 말합니다. 주로 특정 분야에 특화된 형태로 개발되어 인간의 한계를 보완하고 생산성을 높이기 위해 활용됩니다. 인공지능 바둑 프로그램인 알파고(AlphaGo)나 의료분야에 사용되는 왓슨(Watson) 등이 대표적입니다. 현재까지 개발된 인공지능은 모두 약 인공지능에 속하며, 자아를 가진 강 인공지능은 등장하지 않았습니다.

그 밖의 면접 질문 예시

[공통] 지원자 질문 맞춤 면접 문항

1. 왜 영재교육원을 지원하게 되었는가?
2. 누구의 추천으로 지원하게 되었는가?
3. 장래희망이 무엇인가?
4. 영재교육원에서 하고 싶은 것은 무엇인가?

[인성] 지원자 질문 맞춤 면접 문항

1. 나의 행동이 남들에게 도움을 준 '예'가 있는가? 있다면 나의 삶에 어떠한 영향을 주었는지 말해 보시오.
2. 반에서 따돌림을 당하는 친구가 있을 때 어떻게 행동해야 하는지 말해 보시오.
3. 학생들에게 가장 인기 있다고 생각하는 책과 그 이유를 말해 보시오.
4. 학생은 20년 후에 어떤 사람이 되어 있을지 말해 보시오.
5. 다른 학교 및 영재교육원 시험을 본 적이 있는가? 왜 이곳을 지원했는지 말해 보시오.
6. 최근에 읽었던 책의 제목과 내용은 무엇인가?
7. 가장 감명 깊게 읽은 책을 말하고, 그 이유를 말해 보시오.
8. 자신이 가장 존경하는 과학자(또는 수학자, 인물)를 말해 보시오. 또 그 과학자(또는 수학자, 인물)의 업적과 그 업적이 우리 생활에 미친 영향을 설명하고, 존경하는 이유를 말해 보시오.
9. 수학(과학, 영어)을 못하는 친구들이 같은 반에 있으면 어떻게 수학(과학, 영어)을 좋아하게 만들 수 있는지 말해 보시오.

[정보] 지원자 질문 맞춤 면접 문항

1. 컴퓨터 자격증을 보유하고 있는가? 있는 자격증의 종류에 대해 말해 보시오.
2. 본인이 컴퓨터를 사용한 경험 중에서 가장 기억에 남는 일은 무엇인가?
3. '스크래치' 프로그램을 사용해 본 적이 있는가? 사용해 본 적이 있다면 설명해 보시오.
4. C++언어를 사용하여 컴퓨터를 다루어 본 적이 있는가? 있다면 사용해서 만들어 본 프로그램은 무엇인지 말해 보시오.
5. 본인이 앱을 만든다면 어떤 종류의 앱을 만들 것인지 말해 보시오. 그리고 그 이유는 무엇인가?
6. 대학부설 영재교육원의 수학, 과학이 아닌 '정보 분야'에 지원하게 된 이유가 무엇인가?
7. 대학부설 영재교육원에 들어와서 본인이 정보를 공부하면서 해 보고 싶은 일이 있다면 무엇인가?
8. 정보를 공부하는 데 무엇이 필요하다고 생각하는지 본인의 생각을 말해 보시오.
9. 우리나라는 인터넷 최강국입니다. 인터넷의 올바른 사용법은 무엇이라고 생각하는지 말해 보시오.
10. 인터넷 게시판의 악플에 대해 본인이 느끼는 것은 무엇인가?
11. 현대사회에서 정보가 필요한 이유에 대해 말해 보시오.
12. 인터넷에 댓글(리플)을 남겨 본 경험이 있는가? 있다면 건전한 댓글 문화를 만들기 위한 응시자의 생각을 말해 보시오.
13. 코딩(coding)에 대해서 말해 보시오.
14. 정보 분야에 합격한다면 본인이 영재교육원에 들어와서 하고 싶은 공부는 무엇인가?
15. C언어에 대해 알고 있는 것을 말해 보시오.
16. 인터넷을 이용한 효율적인 검색 방법이 있다면 말해 보시오.
17. 인터넷에서 올바른 정보와 거짓 정보를 구분하는 방법에 대해 설명해 보시오.

MEMO
Always with you

스스로
평가하고
준비하는!

대학부설 영재교육원 모의고사

중등

정답 및 해설

제1회
제2회
제3회

제1회 모의고사 정답 및 해설

수학

01

모범답안

여학생의 수: 18명, 남학생의 수: 16명

풀이

여학생의 수를 x명이라 합니다.

남학생의 수는 여학생의 수의 $\frac{1}{2}$보다 7명이 많으므로

남학생의 수는 $\left(\frac{1}{2}x+7\right)$명입니다.

여학생의 수는 남학생의 수의 $\frac{3}{4}$보다 6명이 많으므로

$\left\{\frac{3}{4}\left(\frac{1}{2}x+7\right)+6\right\}$명입니다.

즉, 방정식 $x=\frac{3}{4}\left(\frac{1}{2}x+7\right)+6$을 정리하여 풀면

$x=\frac{3}{8}x+\frac{21}{4}+6$에서

$8x=3x+42+48$

$5x=90$

$\therefore x=18$

따라서 여학생의 수는 18명이고 이때 남학생의 수는

$\frac{1}{2}\times18+7=9+7=16$ (명)입니다.

평가기준

점수	요소별 채점 기준
3점	여학생의 수를 x명으로 나타냈지만 식을 세우지 못한 경우
7점	남학생의 수를 x에 대한 식으로 나타냈지만 답을 구하지 못한 경우
10점	여학생과 남학생의 수를 각각 바르게 구한 경우

02

모범답안

$\frac{25}{2}$

풀이

정사각형에 내접하는 가장 큰 삼각형을 찾으면 다음 그림과 같습니다.

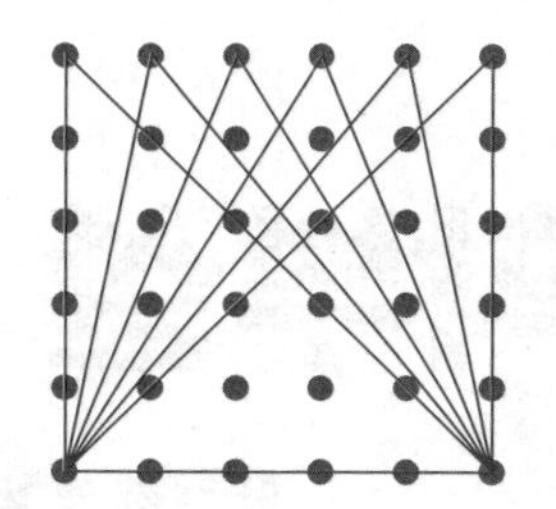

따라서 넓이가 가장 큰 삼각형의 넓이는 $\frac{1}{2}\times5\times5=\frac{25}{2}$가 됩니다.

평가기준

점수	요소별 채점 기준
5점	넓이가 가장 큰 삼각형을 그렸지만 답을 구하지 못한 경우
10점	넓이가 가장 큰 삼각형을 그리고, 답을 바르게 구한 경우

03

모범답안

2 m

풀이

도로의 폭을 x m라 합니다.

도로를 제외한 나머지 부분의 넓이는 가로의 길이가 $(18-x)$ m, 세로의 길이가 $(10-x)$ m인 직사각형의 넓이와 같으므로

$(18-x)(10-x)=128$에서 $x^2-28x+52=0$

$(x-2)(x-26)=0$

이때 $0<x<10$이어야 하므로 $x=2$입니다.

따라서 이 도로의 폭은 2 m입니다.

평가기준

점수	요소별 채점 기준
3점	도로의 폭을 x m로 나타냈지만 식을 세우지 못한 경우
7점	x에 대한 이차방정식을 세웠으나 답을 구하지 못한 경우
10점	x에 대한 이차방정식을 세워 답을 바르게 구한 경우

04

모범답안

$x=-7$, $a=8$

풀이

$0.6x+1.2=1.5(x+5)$에서

$6x+12=15x+75$

$-9x=63$

$\therefore\ x=-7$

$x=-7$을 $\frac{x-3}{5}=\frac{2x+a}{3}$에 대입하여 정리하면

$\frac{-7-3}{5}=\frac{-14+a}{3}$에서 $-30=-70+5a$

$\therefore\ a=8$

평가기준

점수	요소별 채점 기준
5점	x의 값만 바르게 구한 경우
10점	x의 값과 상수 a의 값을 모두 바르게 구한 경우

05

모범답안

18, 19, 20, 26

풀이

가장 작은 수를 x라 하면

4개의 수는 x, $x+1$, $x+2$, $x+8$로 놓을 수 있습니다.

이때 4개의 수의 합이 83이므로

$x+(x+1)+(x+2)+(x+8)=83$에서

$4x+11=83$

$4x=72$

$\therefore\ x=18$

따라서 구하는 4개의 수는 작은 순서대로 18, 19, 20, 26입니다.

평가기준

점수	요소별 채점 기준
3점	4개의 수 중 1개를 x로 나타냈지만 식을 세우지 못한 경우
7점	4개의 수를 x로 나타내어 방정식을 바르게 세웠지만 답을 구하지 못한 경우
10점	방정식을 세워 4개의 수를 모두 바르게 구한 경우

06

모범답안

(1) 3 : 2　　(2) $\frac{9}{16}$

풀이

(1)

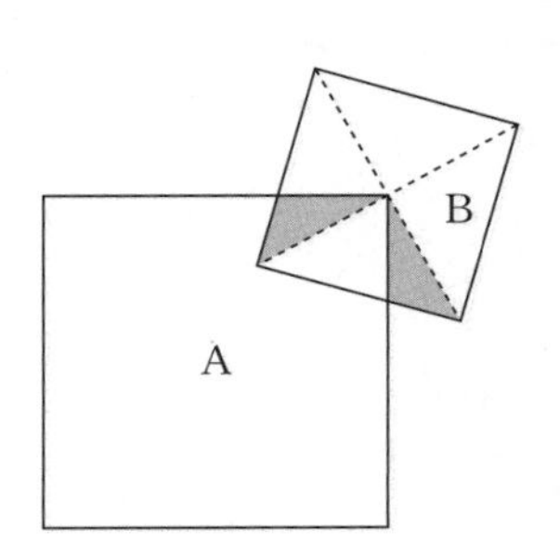

두 사각형 A, B는 정사각형이므로 위의 그림과 같이 어두운 부분의 두 삼각형의 넓이는 같습니다. 따라서 정사각형 A와 B의 겹쳐진 부분의 넓이는 정사각형 B의 넓이의 $\frac{1}{4}$이 됩니다. 이때 정사각형 A의 넓이의 $\frac{1}{9}$과 정사각형 B의 넓이의 $\frac{1}{4}$이 같으므로, 두 정사각형 A와 B의 넓이의 비는 9 : 4, 즉 $3^2 : 2^2$이 됩니다.
따라서 두 정사각형 A와 B의 한 변의 길이의 비는 3 : 2가 됩니다.

(2) 정사각형 A의 두 대각선의 교점을 정사각형 B의 1개의 꼭짓점에 겹쳤을 때, 겹쳐진 부분의 넓이는 (1)과 마찬가지로 정사각형 A의 넓이의 $\frac{1}{4}$이 됩니다.
한편, (1)에서 정사각형 A의 넓이는 정사각형 B의 넓이의 $\frac{9}{4}$이므로 겹쳐진 부분의 넓이는 정사각형 B의 넓이의 $\frac{9}{4}\times\frac{1}{4}=\frac{9}{16}$가 됩니다.

개념해설

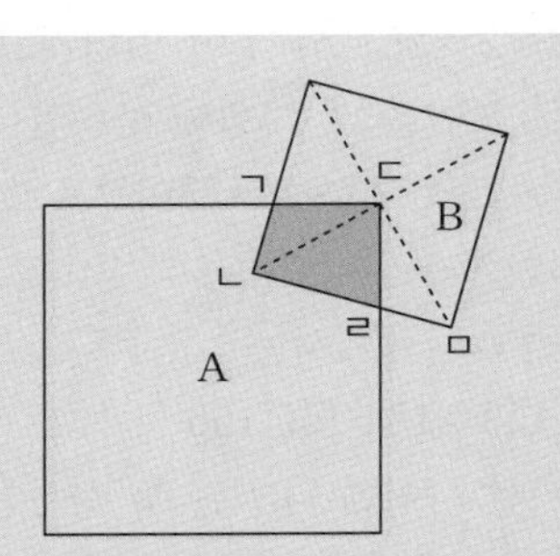

두 사각형 A, B가 정사각형이므로 두 삼각형 ㄱㄴㄷ, ㄹㅁㄷ에서

$\overline{ㄴㄷ}=\overline{ㅁㄷ}$, ∠ㄱㄴㄷ=∠ㄹㅁㄷ, ∠ㄱㄷㄴ=∠ㄹㄷㅁ

따라서 두 삼각형 ㄱㄴㄷ, ㄹㅁㄷ은 한 변의 길이가 같고 그 양 끝각의 크기가 같으므로

△ㄱㄴㄷ≡△ㄹㅁㄷ (ASA 합동)

평가기준

점수	요소별 채점 기준
5점	(1), (2) 중 1개만 풀이 과정을 서술하고, 답을 바르게 구한 경우
10점	(1), (2) 모두 풀이 과정을 서술하고, 답을 바르게 구한 경우

07

모범답안

(1) 199와 200 사이

(2) 76번째와 77번째

이유

(1) 3개의 선을 1묶음으로 생각하면 1묶음에는 항상 정수가 6개씩 포함됩니다. $100=3\times33+1$이므로 34번째 묶음의 첫 번째 선이 100번째 선이 됩니다.
따라서 $6\times33=198$에서 198 바로 다음에 그어지는 선이 99번째가 되므로 100번째 선은 199와 200의 사이에 그어지게 됩니다.

(2) 선 안의 수의 합을 알아보기 위해 선 3개의 간격에 대해서 살펴봅니다. 1번째, 4번째, 7번째, … 선을 그었을 때 바로 앞의 이웃한 선과의 사이의 정수의 개수는 1개이므로 그 두 선 사이의 정수는 1, 7, 13, …으로 6씩 증가합니다. 이때 $(305-1)\div6=50$ … 4이므로 305는 이웃하는 두 선 사이에 들어가는 1개의 정수가 될 수 없습니다.
또, 2번째, 5번째, 8번째, … 선을 그었을 때 바로 이웃한 선과의 사이의 정수의 개수는 2개이므로 그 두 선 사이의 정수의 합은 $2+3=5$, $8+9=17$, $14+15=29$, …와 같이 12씩 증가합니다.
$(305-5)\div12=25$로 나누어 떨어지고, 3개의 선을 한 묶음으로 보았을 때 26번째 묶음입니다.
즉, $25\times6=150$, $25\times3=75$이므로 150 뒤에 그어진 선은 75번째 선입니다.
따라서 26번째 묶음에서는
151 | 152 153 | 154 155 156 |
과 같이 두 선 사이에 나열된 두 정수는 152, 153으로 두 수의 합은 305입니다.
그러므로 76번째와 77번째 선 사이에 나열된 모든 정수의 합이 305가 됩니다.
같은 방법으로 3개의 정수를 포함하는 두 선 사이의 모든 정수의 합이 305가 되는 것을 찾으면 성립하는 것이 없습니다.

평가기준

점수	요소별 채점 기준
3점	(1)만 풀이 과정을 서술하고, 답을 바르게 구한 경우
7점	(2)만 풀이 과정을 서술하고, 답을 바르게 구한 경우
10점	(1), (2) 모두 풀이 과정을 서술하고, 답을 바르게 구한 경우

08

모범답안

A: 15 kg, B: 30 kg

풀이

합금 A의 무게를 x kg, 합금 B의 무게를 y kg이라 할 때 합금 C는 45 kg이므로
$x+y=45$ …… ㉠
새로운 합금 C에 들어 있는 구리의 양이 70%이므로
$0.9x+0.6y=45\times0.7$에서 $0.9x+0.6y=31.5$
$3x+2y=105$ …… ㉡
㉠, ㉡을 연립하여 풀면 $x=15$, $y=30$이 됩니다.
따라서 새로운 합금 C를 만들 때, 합금 A는 15 kg, 합금 B는 30 kg을 섞어서 만들었습니다.

평가기준

점수	요소별 채점 기준
3점	조건을 x, y로 두었지만 식을 세우지 못한 경우
7점	x, y에 대한 연립방정식을 세웠지만 답을 구하지 못한 경우
10점	x, y에 대한 연립방정식을 세워 답을 바르게 구한 경우

09

예시답안

[상황 1]
$x=0$에서 $x=3$까지 y의 값이 일정하게 증가하고 있으므로 수민이는 출발한 지 3분 동안 일정한 속력으로 학교에 가고 있음을 알 수 있습니다. 따라서 수민이는 집에서 출발하여 일정한 속력으로 걸어 3분 만에 학교에 도착했습니다.

[상황 2]
$x=3$에서 $x=9$까지 y의 값이 변화가 없으므로 출발한 지 3분에서 9분 사이 수민이는 이동하지 않고 학교에 있음을 알 수 있습니다. 따라서 학교에 도착한 수민이는 6분 동안 학교에 머물렀습니다.

[상황 3]
$x=9$에서 $x=11$까지 y의 값이 일정하게 줄어들고 있으므로 출발한 지 9분에서 11분 사이 수민이가 일정한 속력으로 집으로 되돌아오고 있음을 알 수 있습니다. 따라서 준비물을 놓고 온 수민이는 일정한 속력으로 달려 2분 만에 집으로 돌아왔습니다.

개념해설

그래프의 모양이 오른쪽 위로 향하면 증가하고 수평이면 변화가 없으며 오른쪽 아래로 향하면 감소한다고 해석할 수 있습니다.

평가기준

점수	요소별 채점 기준
4점	1가지 상황만 서술한 경우
7점	2가지 상황을 서술한 경우
10점	3가지 상황 모두 서술한 경우

10

모범답안

200 g

풀이

10%의 소금물 600 g에 녹아 있는 소금의 양은

$\frac{10}{100}\times 600=60$ (g)

입니다. 증발시킨 물의 양을 x g이라고 하면 물이 증발한 후의 소금의 양은 변하지 않지만 소금물의 양은 $(600-x)$ g이 됩니다.
따라서 농도가 15% 이상이 되어야 하므로

$\frac{60}{600-x}\times 100\geq 15$, $60\times 100\geq 15(600-x)$

$6000\geq 9000-15x$, $x\geq 200$
따라서 농도가 15% 이상인 소금물을 만들기 위해서는 최소 200 g의 물을 증발시켜야 합니다.

평가기준

점수	요소별 채점 기준
3점	조건을 x로 나타냈지만 식을 세우지 못한 경우
7점	x에 대한 식을 바르게 세웠지만 답을 구하지 못한 경우
10점	x에 대한 식을 세우고 답을 바르게 구한 경우

11

모범답안

27

풀이

가위바위보 게임 15번 중에서 주영이가 12번 이겼으므로 주영이는 3번 졌습니다. 또, 비기는 경우는 없으므로 서아는 3번 이기고 12번 졌습니다.
이때 주영이의 위치는
$12\times(+2)+3\times(-1)=(+24)+(-3)=21$
서아의 위치는
$3\times(+2)+12\times(-1)=(+6)+(-12)=-6$
따라서 두 사람의 위치를 나타내는 수의 차는
$21-(-6)=27$

평가기준

점수	요소별 채점 기준
3점	주영이와 서아 중 한 사람의 위치만 바르게 구한 경우
6점	주영이와 서아의 위치를 바르게 구했지만 답을 구하지 못한 경우
10점	두 사람의 위치를 나타내는 수의 차를 바르게 구한 경우

12

모범답안

144가지

풀이

(ⅰ) A → B → D → B → A일 때의 방법의 수는
$3\times2\times2\times3=36$
(ⅱ) A → B → D → C → A일 때의 방법의 수는
$3\times2\times3\times2=36$
(ⅲ) A → C → D → B → A일 때의 방법의 수는
$2\times3\times2\times3=36$
(ⅳ) A → C → D → C → A일 때의 방법의 수는
$2\times3\times3\times2=36$
따라서 구하는 모든 방법의 수는
$36+36+36+36=144$

평가기준

점수	요소별 채점 기준
3점	풀이 과정 없이 답만 바르게 구한 경우
10점	일어나는 모든 방법의 수를 빠짐없이, 중복없이 바르게 구한 경우

13

모범답안

3

풀이

a의 절댓값은 6이므로 $a=-6$이거나 $a=6$입니다.
또, b의 절댓값은 3이므로 $b=-3$이거나 $b=3$입니다.
$a-b$의 절댓값 중 가장 큰 값을 구하면
$M=|6-(-3)|=|(-6)-3|=9$
$a+b$의 절댓값 중 가장 작은 값을 구하면
$m=|6+(-3)|=|(-6)+3|=3$
따라서 $\frac{M}{m}$의 값은
$\frac{M}{m}=\frac{9}{3}=3$

평가기준

점수	요소별 채점 기준
4점	a의 값과 b의 값을 바르게 구한 경우
8점	M의 값과 m의 값을 바르게 구한 경우
10점	$\frac{M}{m}$의 값을 바르게 구한 경우

14

모범답안

$\frac{72}{7}$

풀이

각 변에 놓인 세 수를 곱한 결과가 모두 같으므로
$\left(-\frac{3}{4}\right)\times\frac{8}{7}\times\left(-\frac{14}{3}\right)=4$
입니다.
$\left(-\frac{3}{4}\right)\times \mathrm{A}\times\frac{2}{3}=4$에서 $-\frac{1}{2}\times \mathrm{A}=4$
$\therefore \mathrm{A}=4\times(-2)=-8$
$\frac{2}{3}\times \mathrm{B}\times\left(-\frac{14}{3}\right)=4$에서 $-\frac{28}{9}\times \mathrm{B}=4$
$\therefore \mathrm{B}=4\times\left(-\frac{9}{28}\right)=-\frac{9}{7}$
따라서 $\mathrm{A}\times\mathrm{B}$의 값을 구하면
$\mathrm{A}\times\mathrm{B}=(-8)\times\left(-\frac{9}{7}\right)=\frac{72}{7}$

평가기준

점수	요소별 채점 기준
2점	세 변에 놓인 세 수의 곱을 바르게 구한 경우
6점	A의 값 또는 B의 값을 바르게 구한 경우
10점	A×B의 값을 바르게 구한 경우

15

모범답안

5가지

풀이

4가지 종류의 전구를 이용하여 전력의 합을 1000 W로 만들 수 있는 경우를 표로 나타내면 다음과 같습니다.

150 W	100 W	75 W	60 W
6	1	0	0
5	1	2	0
4	4	0	0
4	1	4	0
4	1	0	5
3	4	2	0
3	1	6	0
3	1	2	5
2	7	0	0
2	4	4	0
2	4	0	5
2	1	8	0
2	1	4	5
2	1	0	10
1	7	2	0
1	4	6	0
1	4	2	5
1	1	6	5
1	1	2	10
0	10	0	0
0	7	4	0
0	7	0	5
0	4	8	0
0	4	4	5
0	4	0	10
0	1	12	0
0	1	8	5

150 W	100 W	75 W	60 W
0	1	4	10
0	1	0	15

따라서 4가지 종류의 전구를 모두 사용하는 경우는 위의 표에서 5가지가 있습니다.

평가기준

점수	요소별 채점 기준
3점	1~2가지를 찾은 경우
7점	3~4가지를 찾은 경우
10점	5가지 모두 찾은 경우

과학

16

예시답안

식물은 광합성을 통해 스스로 양분을 생성하고 만들어진 양분을 다른 생물의 먹이로 제공합니다. 이런 안정적인 식량 공급을 통해 생물들이 서식할 수 있는 공간을 제공합니다. 또한, 식물이 광합성을 하면서 배출하는 산소는 다른 동물과 식물이 에너지를 생산하는 데 없어서는 안 될 중요한 요소입니다. 이런 산소를 식물이 공급하기 때문에 생태계에서 중요합니다.

평가기준

점수	요소별 채점 기준
5점	먹이와 산소 중에서 1가지만 언급하여 서술한 경우
10점	먹이와 산소 2가지 모두 언급하여 서술한 경우

17

예시답안

식물이 꽃을 피는 시기를 결정하는 요소는 암기와 온도, 토양환경이 있습니다.

① 코스모스는 일정 시간 이상 암기가 없으면 꽃을 피우지 않는 단일식물입니다.

② 식물의 꽃 피는 시기는 온도에도 영향을 받습니다. 일반적으로 기온이 높으면 일찍 꽃이 필 수 있습니다.

③ 토양이 염기성(알칼리성)으로 바뀌면 꽃이 개화합니다.

개념해설

- 암기: 빛이 비치지 않는 시간(밤의 길이)
- 명기: 빛이 비치는 시간(낮의 길이)
- 일주기 현상: 빛에 따라 식물의 생리현상이 조절되는 것
- 임계 암기: 빛이 비치지 않는 최대 시간

여러 가지 꽃을 피우는 식물들은 식물마다 다른 시기에 꽃을 피웁니다. 식물의 개화는 암기의 길이에 따라 조절됩니다. 암기의 길이에 따라 개화가 조절되는 유형은 단일식물, 장일식물, 중일식물로 분류됩니다. 단일식물의 경우 일정 시간 이상의 암기가 없으면 꽃이 피지 않고, 장일식물은 그 반대로 암기가 일정 시간 이하여야 꽃이 핍니다. 조건이 안 맞으면 꽃이 피지 않아서 생식 활동을 할 수 없습니다. 참고로 단일식물이 필요로 하는 최소의 암기나 장일식물이 필요로 하는 최대의 암기 시간이 꼭 12시간인 것은 아닙니다. 이는 식물마다 다르며 중요한 것은 연속적인 암기의 길이입니다.

평가기준

점수	요소별 채점 기준
5점	1가지만 설명한 경우
10점	2가지 이상 설명한 경우

18

예시답안

사람이 깊은 바닷속에서 빠르게 수면 위로 올라오면 잠수병이 생깁니다. 깊은 바닷속 높은 수압으로 인해 호흡할 때 몸속에 들어온 질소 기체가 몸 밖으로 빠져나가지 못하고 혈액 속에 녹아 있게 됩니다. 이후 빠르게 수면 위로 올라오면 압력이 갑자기 낮아지기 때문에 체내에 녹아 있던 질소 기체가 기포 형태로 변해 혈액 속을 돌아다니게 되면서 혈액의 흐름을 방해합니다. 이것은 몸의 통증을 유발하는데, 이러한 병을 잠수병이라 합니다.

개념해설

기체의 용해도가 커지는 조건은

- 압력이 커질수록 용해도는 커집니다.
- 온도가 낮아질수록 용해도는 커집니다.

[잠수병 예방법]

예방법 1.

잠수부들이 사용하는 공기통에 질소 대신 헬륨 기체를 넣습니다. 헬륨은 비활성기체라서 불필요한 반응을 하지 않고 질소에 비해 혈액에 대한 용해도도 작아서 잠수병을 일으키지 않습니다.

예방법 2.

공기통을 사용하지 않고 바닷속에 들어가는 해녀는 몸 안과 밖의 압력의 차이가 서서히 줄어들도록 바다 위로 올라올 때 천천히 상승하여 잠수병을 예방합니다.

평가기준

점수	요소별 채점 기준
5점	잠수병의 발생 과정만 서술한 경우
10점	잠수병의 발생 과정을 상세히 서술한 경우

19

예시답안

- **이유:** 연어는 이전에 살았던 강물의 염분도의 차이를 기억하고 돌아옵니다.
  실험 설계: 산란기가 되어 강으로 돌아오려는 연어를 준비합니다. 부화했던 곳의 강물과 이 강물과 염분도를 달리한 강물을 각각 넣은 수조를 준비합니다. 연어를 넣고 수조에 따른 산란 여부를 조사합니다.
- **이유:** 연어는 이전에 살았던 강물의 유속을 기억하고 돌아옵니다.
  실험 설계: 산란기가 되어 강으로 돌아오려는 연어를 준비합니다. 물이 흐를 수 있도록 장치한 수조를 준비하고 부화했던 곳의 강물을 준비하여 유속이 비슷하도록 물을 흘려보내 주어 물이 흐르지 않는 환경에서 연어의 유속에 따른 산란 여부를 조사합니다.
- **이유:** 연어는 이전에 살았던 강물의 냄새를 기억하고 후각을 이용하여 돌아옵니다.
  실험 설계: 산란기가 되어 강으로 돌아오려는 연어를 준비합니다. 부화했던 곳의 강물과 이 강물과 염도가 비슷한 유기물이 없는 정수된 물을 각각 넣은 수조를 준비합니다. 연어를 넣고 수조에 따른 산란 여부를 조사합니다.
- **이유:** 연어는 이전에 살았던 지역의 위치를 지구의 자기장을 통해 파악하고 돌아옵니다.
  실험 설계: 산란기가 되어 강으로 돌아오려는 연어를 준비합니다. 아무런 조치를 하지 않은 연어와 자기장에 영향을 미치는 장치를 부착한 연어를 준비하고 강으로 돌아오는 비율을 조사합니다.

개념해설

[염분]
바닷물 속에는 염화나트륨, 염화마그네슘, 황산마그네슘, 황산칼슘, 황산칼륨, 탄산칼슘, 브로민화마그네슘(브롬화마그네슘) 등 많은 물질이 녹아 있습니다. 이렇게 바닷물 속에 녹아 있는 여러 가지 물질을 염류라 합니다. 그리고 바닷물 1 kg에 녹아 있는 염류의 총량을 g(그램)수로 나타낸 것을 염분이라 합니다. 즉, 바닷물 1 kg에 얼마만큼의 염류가 녹아있느냐를 나타낸 것이 염분입니다. 단위는 ‰을 쓰고, 퍼밀이라 읽습니다.

평가기준

점수	요소별 채점 기준
3점	이유와 실험 설계를 1가지만 서술한 경우
5점	이유와 실험 설계를 2가지 서술한 경우
7점	이유와 실험 설계를 3가지 서술한 경우
10점	이유와 실험 설계를 4가지 모두 서술한 경우

20

예시답안

바다 위에 발생한 적조는 햇빛을 막아 바닷속 식물이 광합성을 못하게 하고, 공기가 통하는 것을 막아 산소 부족으로 바닷속 생물의 호흡을 곤란하게 합니다.

개념해설

[적조(Harmful Algal Blooms, Red tide)]
영양염류와 햇빛, 수온, 염분 등의 영향으로 식물 플랑크톤과 같은 적조생물이 대량 증식해 바닷물의 색깔이 붉게 변화하는 현상입니다.
적조생물(규조류, 편모조류 등)은 대체로 황갈색이나 붉은색 계통의 색소를 많이 가지고 있기 때문에 적조가 발생했을 때의 바다는 갈색이나 적색으로 보이게 됩니다.(참고로 강이나 호수에선 녹색계통의 색소를 지닌 녹조류나 남조류가 대량 증식해 녹색으로 보이는데, 이를 '녹조'라 합니다.)
우리나라와 같은 온대지방에선 주로 수온이 높은 초여름부터 가을 사이에 적조가 많이 발생하는데, 특히 여름철 장마가 지나고 맑은 날이 계속되면 적조생물이 증식합니다.

[영양염류]
바닷물 속의 규소, 인, 질소 따위의 염류를 통틀어 이르는 말로, 생물의 정상적인 생육에 필요한 염류를 말합니다.

평가기준

점수	요소별 채점 기준
5점	광합성, 호흡 중에서 1가지만 서술한 경우
10점	광합성과 호흡 모두 서술한 경우

21

예시답안

배추는 식물이므로 식물 세포로 이루어져 있습니다. 세포를 구성하고 있는 세포막은 셀로판지와 같은 반투과성 막입니다. 세포막 사이에서는 삼투압이 발생합니다. 농도가 높은 소금물 속에 배추를 넣으면 삼투압으로 인해 배추 세포 내의 물이 농도가 높은 소금물로 나오게 되고, 싱싱한 배추의 잎에서 물이 빠지면 시들시들해지고 축쳐집니다.

개념해설

[삼투]
세포벽, 세포막 또는 투과성막을 통하여 농도가 낮은 용질의 용액으로부터 농도가 높은 용질의 용액 쪽으로 물이 확산(이동)되는 것을 말합니다. 삼투 현상으로 일어나는 압력을 삼투압이라 합니다.

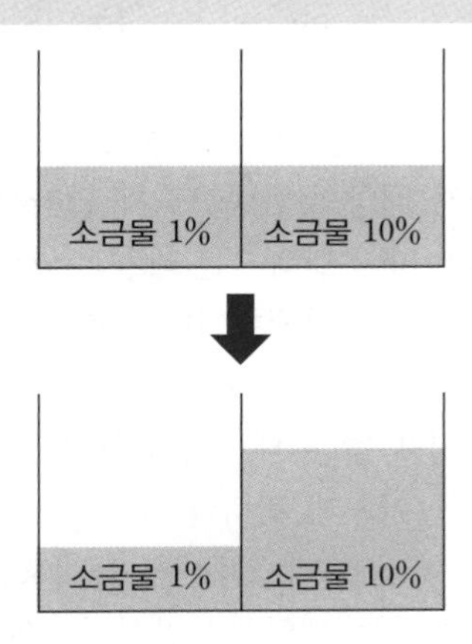

평가기준

점수	요소별 채점 기준
5점	배추가 물에 젖어서라는 표현을 사용하는 경우
10점	삼투 현상이 일어나 배추 속 물이 빠져나간 것을 서술한 경우

22

예시답안

가장 높은 소리를 내는 유리잔은 A입니다.
소리의 높이는 진동하는 물체의 진동수에 따라 달라집니다. 유리잔에 채워진 물의 양이 많아질수록 물체의 진동수가 점점 적어지게 되어 낮은 소리가 납니다.

개념해설

젓가락으로 유리잔을 두드릴 때 물이 많이 들어 있으면 정지 관성 때문에 유리잔이 빨리 진동하지 못하고 천천히 크게 진동합니다. 가해진 충격은 파동에너지 형태로 보존되므로 진폭이 큰 대신 작은 진동수를 갖고 느리게 진동합니다. 유리잔 주변 공기도 느리게 진동하므로 낮은 소리를 전달하게 됩니다.

평가기준

점수	요소별 채점 기준
5점	유리잔의 종류만 맞춘 경우
10점	유리잔의 종류와 이유를 모두 바르게 서술한 경우

23

예시답안

물고기의 부레와 부력 탱크의 공통점은 공기를 넣어 몸(잠수함)에 부력을 형성한 뒤 물속에서 몸(잠수함)을 띄우는 역할을 하는 것입니다.
물고기의 부레와 부력 탱크의 차이점은 물고기의 부레는 부레에 들어있는 공기의 양으로 부레의 크기를 변화시켜 부력을 조절하는 반면에, 부력 탱크는 부피는 변하지 않고 부력 탱크에 있는 공기의 양을 이용하여 잠수함을 띄우게 됩니다. 즉, 밀도 차이를 이용한 점이 다릅니다.

평가기준

점수	요소별 채점 기준
5점	공통점만 설명한 경우 또는 차이점만 서술한 경우
10점	공통점, 차이점을 모두 서술한 경우

24

예시답안

에너지는 형태가 변할 뿐 새로 만들어지지 않습니다. 특히나 열의 경우에는 폐열이 발생하고 소멸되면서 에너지가 보존되지 않습니다. 따라서 에너지가 적어지고 있기 때문에 외부에서 에너지를 공급하지 않으면 내부 에너지를 유지할 수 없습니다.

개념해설

외부에서 에너지를 공급하지 않으면 내부 에너지의 변화와 한 일의 양에 대한 합은 0입니다. 결국 외부 에너지 공급 없이 일하게 되면 내부 에너지를 소비하게 되고 내부 에너지를 소비하는 것은 한계가 있으므로 결국 더 이상 일을 할 수 없게 됩니다.

평가기준

점수	요소별 채점 기준
5점	에너지의 보존이 이루어지지 않기 때문이라고 서술한 경우
10점	에너지의 출입에 대한 설명을 바탕으로 에너지가 보존되지 않는다고 서술한 경우

25

예시답안

화초가 시들해지는 요인 중 비생물학적 요인에는 수분, 온도, 햇빛의 세기 등이 있습니다. 식물은 광합성을 하기 위해 낮에는 기공을 열어 기체를 교환하는데 이때 식물 체내에 있는 수분이 수증기 형태로 같이 배출됩니다. 식물에게 공급되는 물이 부족해지면 식물 체내의 수분이 많이 손실되어 시들해지는 경우가 생깁니다. 또, 온도가 높고 햇빛의 세기가 강한 경우 증산작용이 활발하게 일어나 식물이 시들해질 수 있습니다.

화초에 반점이 생기는 요인 중 비생물학적 요인에는 산소 부족, 통풍 불량, 생물에 필요한 영양소의 결핍 등이 있습니다. 식물의 생장에 꼭 필요한 원소는 식물을 구성하는 탄소, 수소, 산소, 질소 이외에 인, 칼륨, 칼슘, 황, 마그네슘, 철, 망간, 아연 등이 있으며 이들 원소가 결핍되면 잎 상태에 이상이 생깁니다. 특히, 망간이 부족하면 엽맥 가까운 부분부터 황화되고, 아연이 부족한 경우 엽맥 사이에 작은 반점으로 황화되고 조직이 죽게 됩니다. 철분이 부족한 경우는 엽맥만 녹색으로 남고, 엽맥 사이는 황화현상 또는 백화현상이 일어납니다.

개념해설

[황화현상]

식물이 햇빛을 보지 못하여 엽록소를 형성하지 못하고 잎이 누렇게 변하는 현상

[백화현상]

엽록소를 만드는 데 필요한 빛이나 철, 마그네슘 등이 부족하여 식물체가 흰색으로 되거나 색이 엷어지는 현상

평가기준

점수	요소별 채점 기준
5점	화초가 시들해지는 요인 또는 화초에 반점이 생기는 요인을 서술한 경우
10점	화초가 시들해지고 반점이 생기는 요인을 서술한 경우

26

예시답안

(1) 지구의 자북극이 이동하기 때문입니다. 자북극은 매년 서쪽으로 조금씩 이동하고 있으며 현재의 자북극은 캐나다 북쪽 지점에 해당합니다. 자북극의 이동속도는 대략 연평균 55~60 km정도이며, 달라질 수도 있습니다.

(2) 자전축이 기울어진 채 태양 주위를 공전하는 지구는 위도에 따라 태양의 남중고도가 달라집니다. 지구의 공전 위치에 따라 달라지는 태양의 남중고도 차이 때문에 기온 차이가 발생합니다. 태양의 남중고도가 높으면 햇빛이 거의 수직에 가깝게 들어오는데, 이 경우 단위면적당 받는 태양복사열에너지의 양이 많아져 온도가 높아지게 됩니다. 한편, 태양의 남중고도가 낮으면 햇빛이 비스듬하게 들어오는데, 이 경우 단위면적당 받는 태양복사열에너지의 양이 적어져 온도가 낮아지게 됩니다. 이렇게 기온이 일정한 시간 동안 지속되다가 변하는 경우, 계절이 바뀌었다라고 표현하게 됩니다. 계절의 변화에서 밤과 낮의 길이도 매년 일정하지 않고 변화가 생기는 이유는 자전축의 변화 때문입니다. 돌고 있는 팽이의 축의 변화가 있듯이 지구의 자전축도 2만 6천 년 정도의 주기로 자전축이 회전하는 세차운동을 하는 것으로 알려져 있습니다. 연간 평균 10 cm 정도의 이동은 지구의 크기를 생각하면 매우 작은 거리지만 매년 조금씩 이동하고 있습니다.

개념해설

[자북극, 자북]

지구자기장이 수직의 아래 쪽을 가리키는 지구 표면의 지점으로, 지구 표면에서의 지구자기 방향을 조사했을 때 연직 상향으로 되는 곳과 연직 하향되는 곳 중에서 연직 상향이 되는 곳을 자북극이라 합니다.

평가기준

점수	요소별 채점 기준
5점	(1), (2) 중 1가지만 답한 경우
10점	(1), (2) 모두 답한 경우

27

예시답안

DNA에 들어있는 염기의 순서는 다음 세대로 유전되어 단백질의 구성 성분인 아미노산의 서열을 결정합니다. 분자 수준에서의 종의 진화적인 차이는 유전자의 차이가 모여서 나타납니다. 진화적 연관성을 밝히기 위해서는 폴리펩티드 아미노산의 서열 차이를 분석하는 방법이 가장 정확합니다. 서로 다른 단백질은 서로 다른 속도로 진화해 왔으나 특정한 단백질의 진화 속도는 거의 일정합니다. 시토크롬 C는 다른 단백질에 비해서 매우 천천히 진화하고 혈연적으로 가까운 생물들 사이에서는 아미노산의 차이가 거의 없습니다. 하지만 상대적으로 빠르게 진화하는 단백질들은 매우 빠르게 변화합니다. 알부민 같은 단백질은 매우 빠르게 진화하기 때문에 같은 종 내에서도 커다란 변이를 보이게 됩니다. 예를 들면, 모든 호기성 생물의 전자 전달 단백질인 시토크롬 C의 아미노산 서열을 분석한 결과, 사람과 침팬지에서 104개의 아미노산 서열이 일치했으며, 붉은털 원숭이와 1개의 아미노산 서열만이 차이를 보였습니다. 그러므로 사람과 침팬지, 붉은털 원숭이는 동일한 영장목에 속한다고 할 수 있습니다.

개념해설

[DNA]

DNA(DeoxyriboNucleic Acid, 데옥시리보핵산, 디옥시리보 핵산)는 뉴클레오타이드의 중합체인 두 개의 긴 가닥이 서로 꼬여 있는 이중나선 구조로 되어 있는 고분자 화합물입니다.

[핵산]

핵 속의 산성 물질이라는 뜻으로, DNA와 RNA를 핵산이라 합니다. 핵산은 수많은 뉴클레오타이드가 연결되어 구성됩니다.

[뉴클레오타이드]

핵산을 이루는 기본 단위로, 인산, 당, 염기의 세 부분으로 이루어져 있습니다.

평가기준

점수	요소별 채점 기준
5점	진화 속도 차이에 아미노산 서열 차이만 언급한 경우
10점	아미노산 서열 중 특정 단백질이 진화 속도에 주는 연관성에 대해 서술한 경우

28

예시답안

오줌 속에는 식물 생장에 필요한 요소가 포함되어져 있기 때문입니다. 오줌을 구성하는 성분 중에서 물이 95%로 가장 많고, 요소는 2% 정도로 그 다음입니다. 요소에 포함된 성분인 '질소(N)'는 식물이 성장하는 데 매우 유용한 성분으로 오줌이 훌륭한 거름이 될 수 있습니다. 또한, 나머지 3%의 무기염류도 식물이 자라는 데 많은 도움이 되기 때문에 오줌을 거름으로 사용할 수 있습니다.

평가기준

점수	요소별 채점 기준
5점	오줌 속 특정 성분 때문일 것이라고 추측한 경우
10점	오줌 속 요소 성분을 구체적으로 언급한 경우

29

모범답안

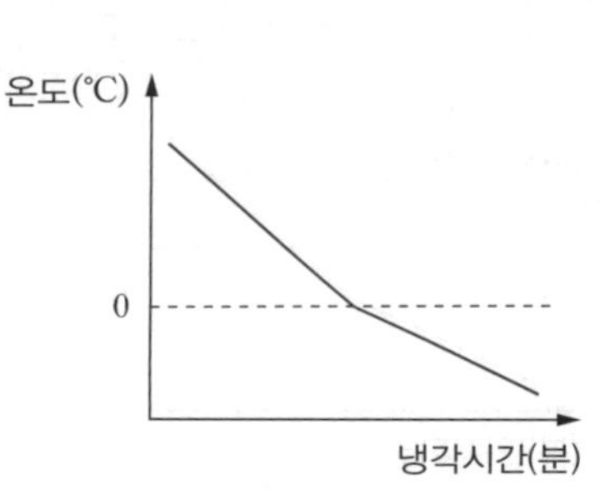

물의 어는점보다 소금물의 어는점이 낮아집니다.
온도가 0 ℃에 가까워지면 물 분자의 분자운동이 작아지고 물 분자 상호 간 수소결합이 이루어져 고체화됩니다. 소금물은 녹아있던 나트륨 이온과 염화 이온이 물 분자 간의 수소결합을 방해하기 때문에 소금물의 어는점이 낮아집니다. 즉, 용질인 소금은 안 얼고 물만 어는 과정에서 냉각이 진행될수록 용액의 농도가 점점 진해져서 어는점 내림의 정도가 커집니다.

개념해설

[어는점 내림]

용질이 녹아있는 용액이 순수 용액일 때보다 어는점이 낮아지는 현상을 의미합니다. 이온으로 분해되는 물질을 넣었을 때, 분자 채로 녹는 물질보다 어는점이 더 낮습니다. 용액 속의 입자 수가 어는점 내림 현상에 영향을 주는데, 입자 수가 많으면 입자들의 방해로 냉기가 안쪽까지 들어가는 데 시간이 오래 걸리기 때문입니다.

평가기준

점수	요소별 채점 기준
3점	소금을 이온이 아닌 입자로 해석해서 어는점 내림을 해석한 경우
10점	소금이 녹아있는 이온이 물이 어는 것을 방해하는 내용과 어는점 내림에 대한 단어를 모두 사용하여 서술하고, 그래프를 올바르게 표현한 경우

30

예시답안

물속에서 나온 후 피부에 묻어 있는 물방울이 볼록렌즈처럼 빛을 모아 피부를 더 잘 태우기 때문에 몸의 물기를 닦아내어야 합니다. 물기를 제거하지 않으면 물방울이 묻어 있는 특정 부위만 더 잘 타기 때문에 피부가 벗겨지거나 화상을 입기 쉽습니다.

평가기준

점수	요소별 채점 기준
5점	태양 빛(햇빛)의 온도로 서술한 경우
10점	볼록렌즈 역할처럼 빛을 모을 수 있는 예를 들어 서술한 경우

제2회 모의고사 정답 및 해설

수학

01

모범답안

5시 12분

풀이

전체 일의 양을 1이라 할 때, A, B, C가 1시간에 할 수 있는 일의 양은 각각 $\frac{1}{3}$, $\frac{1}{4}$, $\frac{1}{12}$입니다.

A와 C가 같이 일한 시간을 x시간이라 하면 B가 2시간 동안 일을 한 후, 이어서 남은 일을 A와 C가 같이 완성했으므로 $\frac{1}{4}\times2+\left(\frac{1}{3}+\frac{1}{12}\right)\times x=1$입니다.

$\frac{1}{2}+\frac{5}{12}x=1$에서 $\frac{5}{12}x=\frac{1}{2}$ $\quad\therefore x=\frac{6}{5}$

A와 B가 같이 일한 시간은 $\frac{6}{5}$시간, 즉 1시간 12분입니다.

따라서 일을 시작한 시각이 오후 2시이므로

2시간+1시간 12분=3시간 12분 후인 오후 5시 12분에 일을 완성했습니다.

평가기준

점수	요소별 채점 기준
3점	전체 일의 양을 1로 두었지만, 식을 세우지 못한 경우
8점	전체 일의 양을 1로 두고 식을 세워 걸린 시간을 구했지만 완성한 시간을 구하지 못한 경우
10점	일을 완성한 시각을 바르게 구한 경우

02

모범답안

1

풀이

a를 5로 나누면 나머지가 2이므로

$a=5m+2$ (단, m은 음이 아닌 정수) …… ㉠

a^2-b를 5로 나누면 나머지가 3이므로

$a^2-b=5n+3$ (단, n은 음이 아닌 정수) …… ㉡

㉠을 ㉡에 대입하여 정리하면

$b=a^2-5n-3$

$=(5m+2)^2-5n-3$

$=25m^2+20m-5n+1$

$=5(5m^2+4m-n)+1$

따라서 b를 5로 나눈 나머지는 1입니다.

평가기준

점수	요소별 채점 기준
5점	조건을 문자로 나타냈지만, 식을 세우지 못한 경우
10점	조건을 문자로 나타낸 후 식을 세워 답을 바르게 구한 경우

03

모범답안

180쪽

풀이

전체 쪽수를 x쪽이라 하면

$\frac{1}{10}x+\frac{1}{6}x+\frac{1}{5}x+\frac{1}{3}x+36=x$이므로

$3x+5x+6x+10x+1080=30x$에서

$6x=1080$

$\therefore x=180$

평가기준

점수	요소별 채점 기준
3점	전체 쪽수를 x로 나타냈지만 식을 세우지 못한 경우
7점	전체 쪽수를 x로 나타내어 방정식을 바르게 세웠지만 답을 구하지 못한 경우
10점	방정식을 세워 전체 쪽수를 바르게 구한 경우

04

모범답안

14π m^2

풀이

공이 움직일 수 있는 부분의 넓이는 다음 그림의 어두운 부분의 넓이와 같습니다.

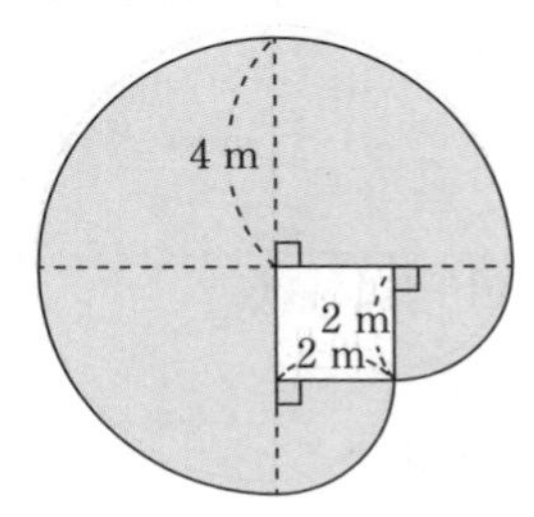

(공이 움직일 수 있는 부분의 넓이)

$=\frac{3}{4}\times\pi\times4^2+2\times\left(\frac{1}{4}\times\pi\times2^2\right)$

$=12\pi+2\pi=14\pi$ (m^2)

평가기준

점수	요소별 채점 기준
5점	공이 움직일 수 있는 부분을 그림으로 나타냈지만 답을 구하지 못한 경우
10점	공이 움직일 수 있는 부분의 넓이를 바르게 구한 경우

05

모범답안

- 작은 각의 크기: $102.5°$
- 10분 후 시침과 분침이 이루는 각의 크기: $157.5°$

풀이

시침은 1시간에 $30°$, 1분에 $0.5°$를 회전하고 분침은 1분에 $6°$를 회전합니다. 12시를 기준으로 3시 35분에 시침이 회전한 각의 크기는

$(30°\times3)+(0.5°\times35)=107.5°$

분침이 회전한 각의 크기는 $6°\times35=210°$입니다.

따라서 두 바늘이 이루는 작은 각의 크기는

$210°-107.5°=102.5°$입니다.

10분 후인 3시 45분에 시침이 회전한 각의 크기는

$(30°\times3)+(0.5°\times45)=112.5°$이고,

분침이 회전한 각의 크기는 $6°\times45=270°$이므로 두 바늘이 이루는 작은 각의 크기는

$270°-112.5°=157.5°$입니다.

평가기준

점수	요소별 채점 기준
5점	시침과 분침이 이루는 각 중에서 작은 각의 크기를 바르게 구한 경우
10점	10분 후의 시침과 분침이 이루는 각의 크기를 바르게 구한 경우

06

모범답안

9780만 원

풀이

2020년 1월 1일에 저금한 금액은 600만 원이고, 이 금액의 2029년 말까지의 원리합계는 (600×1.05^{10})만 원이 됩니다.

2021년 1월 1일에 저금한 금액은 (600×1.05)만 원이고, 이 금액의 2029년 말까지의 원리합계는

$600\times1.05\times1.05^9$, 즉 (600×1.05^{10})만 원이 됩니다.

⋮

2029년 1월 1일에 적립한 금액은 (600×1.05^9)만 원이고, 이 금액의 2029년 말까지의 원리합계는

$600\times1.05^9\times1.05$, 즉 (600×1.05^{10})만 원이 됩니다.

따라서 저금액의 원리합계는

$600\times1.05^{10}\times10=600\times1.63\times10=9780$ (만 원)

이 됩니다.

개념해설

1. 원리합계: 원금과 이자를 더한 금액을 원리합계라 합니다.
2. 원금 a원을 연이율 r로 n년간 예금했을 때, 원리합계 S의 계산은 다음과 같은 2가지 방법이 있습니다.
   (1) 단리법: 원금에만 이자를 더하여 원리합계를 계산하는 방법으로
   $S=a(1+nr)$
   (2) 복리법: 일정한 기간마다 이자를 원금에 더하여 그 원리합계를 다음 기간의 원금으로 계산하는 방법, 즉 이자에 다시 이자가 붙는 방법으로
   $S=a(1+r)^n$

	단리로 예금할 경우	복리로 예금할 경우
1년 후	$a+ar=a(1+r)$	$a+ar=a(1+r)$
2년 후	$a+ar+ar$ $=a(1+2r)$	$a(1+r)+a(1+r)r$ $=a(1+r)(1+r)$ $=a(1+r)^2$
⋮	⋮	⋮
n년 후	$a+ar+\cdots+ar$ $=a(1+nr)$	$a(1+r)\cdots(1+r)$ $=a(1+r)^n$

평가기준

점수	요소별 채점 기준
5점	복리법을 이해했지만 식을 제대로 세우지 못한 경우
10점	복리법을 이해하고 식을 세워 답을 바르게 구한 경우

07

모범답안

150 km

풀이

희수와 진수의 속력을 각각 시속 x km, y km라 하고 휴게소의 위치를 C라고 하면

$\overline{AC}=16y$ km, $\overline{BC}=4x$ km가 됩니다.

희수와 진수가 휴게소까지 가는 데 걸린 시간이 같으므로 $\frac{16y}{x}=\frac{4x}{y}$에서 양변에 xy를 각각 곱하면

$16y^2=4x^2$입니다.

이때 $x>0$, $y>0$이므로 $x=2y$입니다.

또, 희수와 진수가 움직인 거리차가 50 km이므로

$\overline{AC}-\overline{BC}=50$, 즉 $16y-4x=50$이 됩니다.

$x=2y$를 $16y-4x=50$에 대입하여 풀면

$x=\frac{25}{2}$, $y=\frac{25}{4}$입니다.

따라서

$\overline{AB}=16y+4x=16\times\frac{25}{4}+4\times\frac{25}{2}=150$ (km)

입니다. 즉, 두 도시 A, B 사이의 거리는 150 km입니다.

평가기준

점수	요소별 채점 기준
3점	주어진 조건을 x, y로 나타냈지만 식을 세우지 못한 경우
7점	x, y에 대한 연립방정식을 세웠지만 답을 구하지 못한 경우
10점	x, y에 대한 연립방정식을 세워 답을 바르게 구한 경우

08

모범답안

A: 16%, B: 2%

풀이

두 소금물 A, B의 농도를 각각 x%, y%라고 합니다.

80 g의 소금물 A와 60 g의 소금물 B를 섞으면 10%의 소금물 140 g이 되므로

$\frac{x}{100}\times80+\frac{y}{100}\times60=\frac{10}{100}\times140$ ...... ㉠

60 g의 소금물 A와 80 g의 소금물 B를 섞으면 8%의 소금물 140 g이 되므로

$\frac{x}{100}\times60+\frac{y}{100}\times80=\frac{8}{100}\times140$ ...... ㉡

㉠, ㉡을 연립하여 풀면 $x=16$, $y=2$입니다.

따라서 소금물 A의 농도는 16%, 소금물 B의 농도는 2%입니다.

평가기준

점수	요소별 채점 기준
3점	주어진 조건을 x, y로 나타냈지만 식을 세우지 못한 경우
7점	x, y에 대한 연립방정식을 세웠지만 답을 구하지 못한 경우
10점	x, y에 대한 연립방정식을 세워 답을 바르게 구한 경우

09

모범답안

$y=-\frac{3}{2}x-3$

풀이

일차함수 $y=\frac{1}{2}x+1$의 그래프와 x축과의 교점의 좌표는

$\frac{1}{2}x+1=0$에서 $x=-2$이므로 $(-2, 0)$입니다.

또, 일차함수 $y=4x-3$의 그래프와 y축과의 교점의 좌표는 $y=4\times0-3$에서 $y=-3$이므로 $(0, -3)$입니다.

이때 두 점 $(-2, 0)$, $(0, -3)$을 지나는 직선의 방정식을 $y=ax+b$라고 할 때 $0=-2a+b$, $-3=b$이므로

$a=-\frac{3}{2}$, $b=-3$입니다.

따라서 구하는 직선의 방정식은 $y=-\frac{3}{2}x-3$입니다.

개념해설

두 점 $(-2, 0)$, $(0, -3)$을 지나는 직선의 기울기는

$\frac{-3-0}{0-(-2)}=-\frac{3}{2}$이고 y절편이 -3이므로

이 직선의 방정식은 $y=-\frac{3}{2}x-3$입니다.

이와 같이 직선의 기울기와 y절편을 이용하여 구할 수도 있습니다.

평가기준

점수	요소별 채점 기준
5점	x축과의 교점 또는 y축과의 교점 중 하나만 구한 경우
10점	x축, y축과의 교점을 모두 구한 후 직선의 방정식을 구한 경우

10

모범답안

1200 cm^3

풀이

① 그림 (가)에 사용된 끈의 길이는
$2\times$(가로의 길이)$+2\times$(세로의 길이)$+4\times$(높이)
$=82$ (cm)
입니다.
② 그림 (나)는 그림 (가)보다
$2\times$(세로의 길이)$+2\times$(높이)$=46$ (cm)
가 더 많이 사용되었습니다.
③ 그림 (다)는 그림 (가)보다
$2\times$(가로의 길이)$+2\times$(세로의 길이)$=50$ (cm)
가 더 많이 사용되었습니다.
④ ③의 식을 통해
$2\times$(가로의 길이)$+2\times$(세로의 길이)$=50$ (cm)
임을 알 수 있고, 이를 ①의 식에 대입해 보면 높이가 8 cm임을 알 수 있습니다.
⑤ ②의 식에 높이를 대입해 보면 세로의 길이가 15 cm 임을 알 수 있습니다.
⑥ 마지막으로 가로의 길이는 10 cm임을 알 수 있습니다.
따라서 선물상자의 부피는
$10\times15\times8=1200$ (cm^3)입니다.

평가기준

점수	요소별 채점 기준
2점	가로의 길이, 세로의 길이, 높이 중 1개만 바르게 구한 경우
4점	가로의 길이, 세로의 길이, 높이 중 2개를 바르게 구한 경우
6점	가로의 길이, 세로의 길이, 높이 모두 바르게 구한 경우
10점	선물상자의 부피를 바르게 구한 경우

11

모범답안

검은색

이유

(i) 두 사람 중 한 사람만이 거짓말을 한 경우
① 검은 머리의 사람이 거짓말을 한 경우
→ 남자는 금발 머리이고, 여자도 금발 머리이므로 두 사람 모두 금발 머리가 되어 모순입니다.
② 금발 머리의 사람이 거짓말을 한 경우
→ 남자는 검은 머리이고 여자도 검은 머리이므로 두 사람 모두 검은 머리가 되어 모순입니다.
(ii) 두 사람 모두 거짓말을 한 경우
남자는 금발 머리, 여자는 검은 머리입니다.
→ 두 사람 모두 거짓말을 하고 있다면 검은 머리 사람은 여자이고, 금발 머리 사람은 남자입니다.
(i), (ii)에서 두 사람은 모두 거짓말을 하고 있고, 여자의 머리카락은 검은색입니다.

평가기준

점수	요소별 채점 기준
5점	여자의 머리카락 색을 맞췄지만 이유가 타당하지 않은 경우
10점	여자의 머리카락 색을 맞추고, 이유도 타당한 경우

12

모범답안

USB 1개당 판매 가격: 17500원
총 매출 금액: 612500000원

풀이

한 개당 판매 가격을 $(10000+x)$원으로 올리면 판매 개수는 $(50000-2x)$개가 됩니다.
총 판매 금액은 $f(x)$라 하면

$$\begin{aligned}f(x)&=(10000+x)(50000-2x)\\&=-2x^2+50000x-20000x+500000000\\&=-2x^2+30000x+500000000\\&=-2(x^2-15000x+56250000-56250000)\\&\quad+500000000\\&=-2(x-7500)^2+500000000+112500000\\&=-2(x-7500)^2+612500000\end{aligned}$$

이므로 총 매출 금액을 최대로 할 수 있는 USB 1개당 판매 가격은 $(10000+7500)$원, 즉 17500원이고, 이때의 판매 개수는 $(50000-2\times7500)$개, 즉 35000개입니다.
따라서 총 매출 금액은 612500000원입니다.

평가기준

점수	요소별 채점 기준
3점	주어진 조건을 x로 나타냈지만 식을 세우지 못한 경우
7점	x에 대한 이차함수식을 세웠지만 답을 구하지 못한 경우
10점	x에 대한 이차함수식을 세워 답을 바르게 구한 경우

13

모범답안

73

풀이

이차방정식의 근과 계수의 관계에 의해

$\alpha+\beta=1$, $\alpha\beta=-3$

$g(x)=f(x)-x$라고 하면

$g(\alpha)=0$, $g(\beta)=0$, $g(\alpha+\beta)=0$

$g(\alpha+\beta)=0$이고 $\alpha+\beta=1$이므로

$g(1)=0$

이때 $g(x)$가 3차식이고 삼차방정식 $g(x)=0$의 세 근이 α, β, 1이므로 상수 a에 대하여

$g(x)=a(x-\alpha)(x-\beta)(x-1)=a(x^2-x-3)(x-1)$

이라 놓을 수 있습니다.

즉, $f(x)=x+a(x^2-x-3)(x-1)$이고, $f(\alpha\beta)=-39$, $\alpha\beta=-3$이므로

$f(\alpha\beta)=f(-3)=-3+a\times9\times(-4)=-39$에서

$a=1$

따라서 $f(x)=x+(x^2-x-3)(x-1)$이므로

$f(5)=5+(5^2-5-3)(5-1)=5+68=73$

평가기준

점수	요소별 채점 기준
3점	이차방정식의 근과 계수의 관계를 이용했지만 삼차식 $f(x)$를 세우지 못한 경우
7점	이차방정식의 근과 계수의 관계를 이용하여 삼차식 $f(x)$를 세웠지만 답을 바르게 구하지 못한 경우
10점	삼차식 $f(x)$를 세우고 답을 바르게 구한 경우

14

모범답안

62500명

풀이

각 도시의 전체 구매량을 y, 주변 도시의 인구 수를 x, 중심 도시 A와의 거리를 d라 합니다.

이때 y는 x에 비례하고, d^2에 반비례하므로 상수 k에 대하여

$y=kx\times\frac{1}{d^2}$

주변 도시 B의 전체 구매량을 y_1이라 하면

$y_1=k\times500000\times\frac{1}{20^2}$

신도시 C의 전체 구매량을 y_2라 하고, 인구 수를 t명이라 하면

$y_2=k\times t\times\frac{1}{10^2}$

이때 $y_2=\frac{1}{2}y_1$이므로

$k\times t\times\frac{1}{10^2}=\frac{1}{2}\times k\times500000\times\frac{1}{20^2}$

$t=62500$

따라서 신도시 C의 인구는 62500명입니다.

평가기준

점수	요소별 채점 기준
5점	주어진 조건을 x, y, d에 대한 식으로 세웠지만 답을 구하지 못한 경우
10점	주어진 조건을 x, y, d에 대한 식으로 세우고 답을 바르게 구한 경우

15

모범답안

130개

풀이

땅콩, 대추, 밤의 개수를 각각 a, b, c라 하면

$b\le3c$ …… ㉠

$a\ge5c$ …… ㉡

$b+c\ge101$ …… ㉢

㉠, ㉢에서

$101\le b+c\le3c+c=4c$

$\therefore c\ge\frac{101}{4}$

이때 c가 자연수이므로 $c\ge26$ …… ㉣

㉡, ㉣에서 $a\ge5\times26=130$

따라서 땅콩의 최소 개수는 130개입니다.

평가기준

점수	요소별 채점 기준
3점	주어진 조건을 a, b, c로 나타냈지만 식을 세우지 못한 경우
7점	a, b, c에 대한 연립부등식을 세웠지만 답을 구하지 못한 경우
10점	a, b, c에 대한 연립부등식을 세워 답을 바르게 구한 경우

과학

16

예시답안

① 그림에서 지표면이 가열된 후 상대적으로 온도가 높은 지역은 B입니다. B 지역의 공기가 상승하고 난 빈 공간으로 A 지역의 공기가 이동하게 되면서 A에서 B로 바람이 부는 것입니다.

② 지표면이 불균일하게 가열된 후 A 지역은 고기압, B 지역은 저기압이 형성되었습니다. 공기는 고기압에서 저기압 방향으로 이동하기 때문에 A에서 B로 바람이 부는 것입니다.

개념해설

[바람의 방향]

고기압과 저기압은 지구상에 나타나는 열적 불균형과 지구의 회전, 지표와의 마찰 때문에 생깁니다. 저기압 내에서는 주위보다 기압이 낮아 바람이 중심으로 불어 들어오고, 고기압 내에서는 주위보다 기압이 높으므로 중심에서 밖으로 불어 나갑니다.

평가기준

점수	요소별 채점 기준
5점	상황은 구체적이지만 제시된 단어를 1개만 사용한 경우
10점	제시된 단어를 2개 이상 사용하여 상황을 구체적으로 서술한 경우

17

예시답안

눈이 쌓으면서 발생하는 압력이나 온도로 인해 눈은 어느 정도 녹는데, 이렇게 눈이 녹은 물에 염화칼슘이 발열반응하면서 녹아 들어갑니다. 이 열은 주변의 눈을 녹여 물을 만들고, 그 물은 다시 염화칼슘과 반응해 계속적으로 눈을 녹입니다.

염화칼슘은 눈을 녹이는 것뿐만 아니라, 녹은 눈이 얼지 않도록 방지하는 역할까지 합니다. 불순물이 없는 물은 0 ℃에서 얼지만 다른 물질이 섞인 물은 0 ℃보다 낮은 온도에서 얼게 되는 것과 같은 원리입니다.

평가기준

점수	요소별 채점 기준
5점	염화칼슘을 뿌리는 원인만 서술한 경우
10점	염화칼슘의 발열반응을 포함하여 서술한 경우

18

예시답안

일을 하지 않았습니다. 과학에서는 물체에 힘이 작용하여 힘의 방향으로 이동했을 때 일을 했다고 판단합니다. 하지만 책을 읽고 있는 영주는 작용한 힘과 이동한 거리가 없기 때문에 일을 하지 않았다고 판단할 수 있습니다.

개념해설

[과학에서의 일]

과학에서는 물체에 힘이 작용하여 물체가 힘의 방향으로 이동할 때(물체에 작용한 힘의 방향과 물체의 이동 방향이 같을 때) 일은 한다고 합니다. 일의 양은 물체에 작용한 힘의 크기(F)와 힘의 방향으로 이동한 거리(s)에 각각 비례합니다.

일의 양=힘의 크기×이동한 거리, $W=Fs$

평가기준

점수	요소별 채점 기준
5점	판단만 바르게 서술한 경우
10점	판단과 이유 모두 바르게 서술한 경우

19

예시답안

아침 식사로 먹은 계란은 입 속에서 잘게 쪼개져 위로 들어가게 됩니다. 위에는 위액 속의 염산과 펩신이라는 소화 효소가 존재합니다. 펩신은 단백질을 폴리펩티드로 분해하게 됩니다. 이후 폴리펩티드는 소장에서 장액 속의 펩티다아제에 의해서 아미노산으로 분해되고 상피세포를 지나는 혈관을 통해 소장의 융털에 흡수됩니다. 이렇게 흡수된 아미노산은 세포 속의 구성물을 이루기도 하지만 일부는 에너지원으로 사용되어 암모니아와 물, 이산화 탄소를 대사산물로 생성하게 됩니다. 이 중 이산화 탄소는 폐에서 호흡을 통해 외부로 배출되고 암모니아는 체내에서 강한 독성을 지니므로 간으로 보내져서 요소로 변환됩니다. 요소는 수용액 상태로 있을 때에는 독성이 거의 없으므로 안전하나 암모니아로 돌아가게 되면 위험하므로 혈액 속의 요소는 신장에서 걸러져서 방광에 모이고 이후 소변으로 배출됩니다.

평가기준

점수	요소별 채점 기준
5점	음식물의 거쳐 가는 기관에 대해서만 서술한 경우
10점	음식물이 기관에서 분해되는 과정을 상세히 서술한 경우

20

예시답안

낮에는 태양복사에너지에 의해 지면 근처가 데워져 지면 근처의 공기는 뜨겁고 상층의 공기는 차가운 상태가 됩니다. 밤에는 지면을 달구어 주는 적외선이 오지 않기 때문에 지면이 차갑게 식습니다. 그러면 지면 근처의 공기도 따라서 차가워져서 공기의 온도 분포는 지면 근처가 차갑고 상층부의 온도가 반대로 따뜻한 상태가 됩니다. 또한, 온도가 높을수록 소리의 속도가 빨라지므로 낮에는 지표면에서 소리의 속도가 가장 빠르고, 밤에는 상층부에서 소리의 속도가 가장 빨라집니다. 소리는 온도가 낮은 쪽으로 굴절하게 되므로 낮에는 상층 방향으로 굴절하고, 밤에는 지면 방향으로 굴절하게 됩니다.

개념해설

[온도와 소리의 속도]

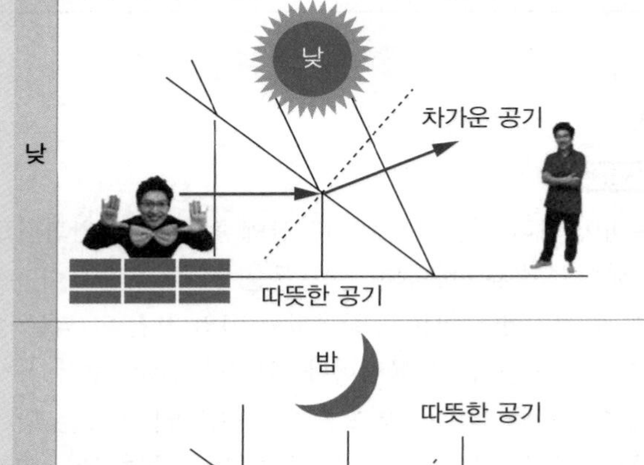

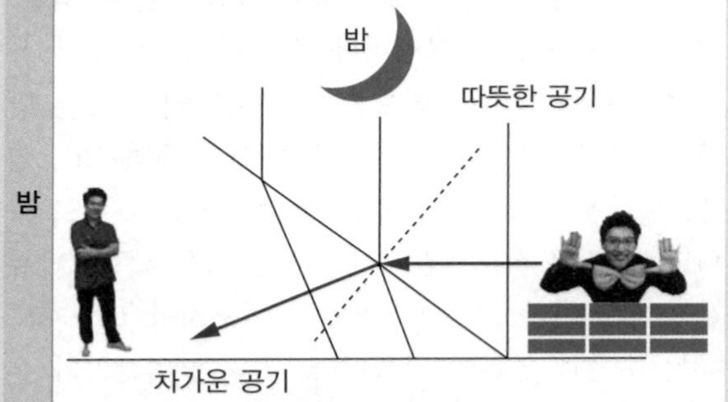

따뜻한 공기에서 소리(파동)의 속도가 빨라지고, 차가운 공기에서 소리(파동)의 속도가 느려지기 때문에 위와 같은 소리(파동)의 굴절 현상이 일어나 낮과 밤에 소리가 잘 들리는 방향이 달라지게 됩니다.

평가기준

점수	요소별 채점 기준
5점	낮과 밤의 소리의 전달 방향만 맞을 경우
10점	낮과 밤의 소리의 전달 방향과 그 이유를 바르게 서술한 경우

21

예시답안

낮이 짧아지고 밤이 길어지는 가을이 되면 국화꽃이 핍니다. 낮보다 밤이 훨씬 긴 겨울에도 꽃이 피지 않는 것은 집 주변에 새롭게 생긴 가로등 때문일 것입니다. 새롭게 가로등이 생기면서 국화꽃에게 준 변화를 두 가지로 생각할 수 있습니다.

첫 번째는 빛을 비추는 시간이 달라져서 빛을 비추는 전체 시간이 길어졌을 수가 있습니다.

두 번째는 연속적으로 어둠이 지속되는 시간이 짧아졌을 수도 있습니다.

개념해설

[국화꽃을 피우기 위한 방법 2가지]

첫 번째 이유에 대한 해결 방법은 빛을 비추는 시간을 줄이기 위해 낮에 어두운 곳에 국화 화분을 놓아두는 방법입니다.
두 번째 이유에 대한 해결 방법은 가로등을 꺼서 연속적인 밤의 시간을 늘리는 방법입니다.
실제로 국화는 연속적으로 지속되는 밤의 길이가 꽃을 피우는 데 중요한 요인이므로 국화꽃을 피우기 위해서는 두 번째 해결 방법을 따라야 합니다.

평가기준

점수	요소별 채점 기준
5점	국화꽃이 피지 않는 이유를 1가지 서술한 경우
10점	국화꽃이 피지 않는 이유를 2가지 서술한 경우

22

예시답안

- 알루미늄 캔을 뜨겁게 가열해서 식히면 사방으로 찌그러집니다.
- 뜨거운 물에 담근 뒤 페트병의 뚜껑을 닫고 냉장고에 넣어두면 찌그러집니다.
- 물을 가득 담은 유리컵을 종이로 덮고 거꾸로 뒤집어도 물이 쏟아지지 않습니다.

개념해설

기압이 작용하는 방향은 모든 방향에서 같은 크기의 힘이 작용합니다.

평가기준

점수	요소별 채점 기준
5점	주변 현상을 1가지만 서술한 경우
10점	주변 현상을 2가지 서술한 경우

23

예시답안

기체 입자들이 모든 방향으로 운동하면서 고무풍선의 안쪽 벽에 충돌하기 때문입니다.

개념해설

고무풍선이 둥근 이유는 기체 분자운동과 관련이 있습니다. 풍선에 바람을 불어 넣었을 때 풍선 안의 기체 분자들은 모든 방향으로 운동을 하게 되고, 기체 분자들의 각각의 운동 에너지는 모두 틀릴 것입니다. 하지만 엄청나게 많은 기체 분자들이 풍선 안에 들어 있을 것이기 때문에 사방에 작용하는 에너지는 같다고 볼 수도 있습니다. 즉, 풍선 안의 기체 분자들은 모든 방향으로 에너지가 같은 운동을 하게 되는 것이고, 그 때문에 풍선은 동그란 모양을 띄게 되는 것입니다. 공기 분자의 운동 방향은 사방이기 때문에 늘어나는 정도에 따라 모양이 다르지만 풍선의 모든 면에 분자들이 부딪혀 외부 기압과 내부 기압이 평형을 이룹니다. 이때 모든 면에서 힘을 받고 평형이 되기 때문에 원형이 되는 것입니다.

평가기준

점수	요소별 채점 기준
5점	풍선 속 압력에 대해서만 서술한 경우
10점	풍선 속 불어 넣은 공기 입자가 모든 방향으로 운동하기 때문이라고 서술한 경우

24

예시답안

뷰테인 가스는 실온에서 기체 상태이지만 고압으로 액화시켜 가스통에 담아놓은 것입니다. 뷰테인 가스는 사용할 때마다 뷰테인이 기화하면서 기화열을 흡수해 가스통 표면이 차가워진 것입니다.

개념해설

뷰테인은 실온에서 기체 상태이지만 고압으로 액화시켜 가스통에 넣습니다. 가스통의 꼭지를 누르면 압력이 낮아져 가스통 속의 뷰테인이 기화하면서 빠져나오는데 이때 주위에서 열에너지를 흡수하므로 가스통의 표면이 차가워져 냉각됩니다.

평가기준

점수	요소별 채점 기준
5점	액화로만 서술한 경우
10점	액화, 기화열을 이용하여 서술한 경우

25

예시답안

비닐로 된 비치공은 물위 제자리에서 좌우 옆으로 이동하지 않고 위아래로만 움직이기 때문에 멀리 떠내려가지 않고, 그 자리에 있었습니다.

개념해설

물결파는 횡파입니다. 물결파가 전파될 때 매질은 제자리에서 위아래로 진동만 하기 때문에 비닐로 된 비치공은 멀리 떠내려가지 않게 됩니다. 멀리 떠내려가게 되는 것은 파도의 힘이나 바람의 힘에 직접 접촉하여 에너지를 받기 때문입니다.

평가기준

점수	요소별 채점 기준
5점	제자리에 있다고만 서술한 경우
10점	위아래로만 진동하여 제자리에 있다고 서술한 경우

26

예시답안

어는점이 달라지는 이유는 바닷물에 녹아 있는 염화나트륨, 해수의 순환, 바람의 영향 등을 들 수 있습니다. 전 세계 바다의 평균 염분은 35 ‰(퍼밀)입니다. 그 염분 중 약 77.7%가 염화나트륨입니다. 염화나트륨은 물에 용해되면 어는점을 낮추는 역할을 합니다. 염분차로는 염분이 높은 물이 밀도가 높아지므로 아래로 내려가고, 염분이 낮은 물은 상대적으로 밀도가 낮기 때문에 위로 뜨게 됩니다. 그리고 적도지방에서 극지방으로 흐르는 난류는 수온과 염분이 높고, 극지방에서 적도지방으로 흐르는 한류는 수온과 염분이 낮습니다. 이렇게 염분차와 온도차로 인해 해수의 순환이 생깁니다. 이런 해류 때문에 바다가 계속 뒤섞이게 되면서 물이 잘 얼지 않도록 합니다. 집에서 실험할 때에는 이런 해수의 순환, 바람 등 외부 환경의 영향으로 인해 뒤섞이는 작용이 없으므로 어는점의 온도 차이가 생깁니다.

평가기준

점수	요소별 채점 기준
3점	바닷물이 얼지 않는 이유를 1가지만 제시하고 서술한 경우
6점	바닷물이 얼지 않는 이유를 2가지 제시하고 서술한 경우
10점	바닷물이 얼지 않는 이유를 3가지 이상 제시하고 서술한 경우

27

예시답안

라면 속에는 나트륨(Na) 성분이 들어있습니다. 나트륨은 불꽃반응에서 '노란색'을 띠기 때문에 가스레인지 불꽃에 닿은 라면 속 나트륨 성분이 노란색으로 반응한 것입니다.

개념해설

[불꽃반응]

금속 원소나 금속 원소를 포함한 화합물을 겉불꽃에 넣으면 원소의 종류에 따라 특유의 불꽃색이 나타나게 됩니다. 이를 불꽃반응이라 하며, 원소의 종류를 확인하는 매우 간편한 방법입니다.

원소의 불꽃반응 색깔은 리튬(빨간색), 나트륨(노란색), 칼륨(보라색), 바륨(황록색), 칼슘(주황색), 스트론튬(빨간색), 구리(청록색)입니다.

평가기준

점수	요소별 채점 기준
5점	나트륨 성분이라고 말하지 않고 불꽃반응에 대한 언급만 있는 경우
10점	불꽃반응에서 나트륨 성분 때문이라고 정확하게 서술한 경우

28

예시답안 1

세포는 높은 표면적에 대한 부피비를 유지하기 위하여 작고 일정한 크기를 유지하는 것입니다.

세포가 생장함에 따라 외부로부터 받아들여야 할 물질의 양과 노폐물의 생성 속도는 세포의 표면적이 늘어나는 것보다 더 빠르게 증가합니다. 세포의 부피가 커지면 필요한 물질과 노폐물의 양이 증가하게 됩니다.(세포의 표면적에 따라 세포 안팎으로 이동하는 물질과 노폐물의 양이 결정됩니다.) 세포가 크면 단위 부피당 표면적이 작아져 필요한 물질을 얻고 노폐물을 처리하는 데 불리하므로 세포의 크기가 작은 것이 유리합니다. 세포가 커지게 되면 영양 공급의 효율성 측면에서 비효율성이 커지게 됩니다. 즉, 영양을 많이 공급받지 못하게 됩니다. 따라서 세포는 적당한 크기까지만 성장해야 영양을 효율적으로 공급받을 수 있게 됩니다.

예시답안 2

세포가 작으면 다양한 기능을 가진 세포들이 생겨날 수 있고, 세포 중 일부가 손상되더라도 전체적으로 안전합니다. 또한, 각 세포 내에서 정보를 전달해야 할 거리가 가까워져서 효율적이며, 여러 모양의 기관을 만들기에 유리합니다.

살아있는 세포는 끊임없이 세포 주위와 물질 교환이 이루어집니다. 세포는 영양분을 흡수하고, 노폐물을 밖으로 내보내면서 살아갑니다. 우리 몸을 비롯한 대부분의 세포는 에너지를 얻기 위해 산소를 흡수합니다. 그런데 세포의 크기가 매우 크면 세포의 중심까지 산소와 영양소의 전달이 어려워 물질 교환을 하는 데 효율적이지 못할 것입니다. 큰 덩어리의 소금이 작은 덩어리의 소금보다 녹기 어려운 것처럼 큰 세포는 원하는 만큼의 물질을 흡수하는 데 효율적이지 못한 것과 같습니다.

개념해설

MIT 생물학과 연구팀 실험에서 효모 세포를 10배가량 부풀리는 실험을 했습니다. 그 결과 세포가 제 기능을 정상적으로 하지 못하는 것을 발견했습니다. 세포 속 DNA가 정상 기능을 하는 데 필요한 만큼의 단백질을 충분히 생산하지 못하고, 세포질의 농도가 낮아져 화학반응이 느려진 탓에 세포가 노화하면서 세포분열을 하지 못합니다.

평가기준

점수	요소별 채점 기준
5점	이유만 제시한 경우
10점	이유를 제시하여 바르게 서술한 경우

29

예시답안

- 3D 프린팅 기술 이용하기
- 달의 먼지를 이용하여 벽돌 만들기
- 달의 흙을 이용하여 토담집 만들기
- 지구 주변에 떠있는 우주쓰레기 재활용하기
- 지구에서 달의 중력이 적용된 공간에서 만들어진 플라스틱 및 건축 재료를 이용하여 집짓기

평가기준

점수	요소별 채점 기준
3점	건축 방법을 1~2가지 제시한 경우
6점	건축 방법을 3~4가지 제시한 경우
10점	건축 방법을 5가지 이상 제시한 경우

30

예시답안

용수철이 튀어 오른 높이에 영향을 주는 요인은 용수철의 크기, 재질, 용수철의 무게, 용수철을 누른 힘입니다. 용수철의 크기와 재질에 따라 용수철 고유의 특성이 생기는데 이런 특성에 따라 탄성력이 결정됩니다. 또, 용수철을 누르는 힘이 셀수록 용수철 자체의 무게가 가벼울수록 높게 튀어 오릅니다.

평가기준

점수	요소별 채점 기준
5점	용수철의 탄성력에 영향을 주는 요인만 제시한 경우
10점	용수철의 탄성력에 영향을 주는 요인을 제시하고 이유를 구체적으로 서술한 경우

제3회 모의고사 정답 및 해설

수학

01

모범답안

먼저 원형 테이블에서 마주보는 학생끼리 묶음 쌍을 생각할 때, 전체 학생 수는 100명이므로 50개의 쌍이 생깁니다. 이때 최대한 많은 남학생, 여학생이 마주보고 앉아 있다고 가정하여 남녀의 인원 수를 각각 50명씩이라고 하면 다음과 같이 50쌍이 됩니다.

$$\begin{bmatrix} 남\ 1 \\ 여\ 1 \end{bmatrix} \cdots \begin{bmatrix} 남\ 50 \\ 여\ 50 \end{bmatrix}$$

하지만 이것은 문제의 '50명 넘는 학생이 남학생'이라는 조건에 모순이 됩니다. 따라서 남학생, 여학생 마주보는 쌍을 최대로 많이 하려면 남학생 51명, 여학생 49명으로 다음과 같이 두 학생이 모두 남학생인 쌍이 적어도 한 쌍이 생깁니다.

$$\begin{bmatrix} 남\ 1 \\ 여\ 1 \end{bmatrix} \cdots \begin{bmatrix} 남\ 49 \\ 여\ 49 \end{bmatrix} \begin{bmatrix} 남\ 50 \\ 남\ 51 \end{bmatrix}$$

개념해설 1

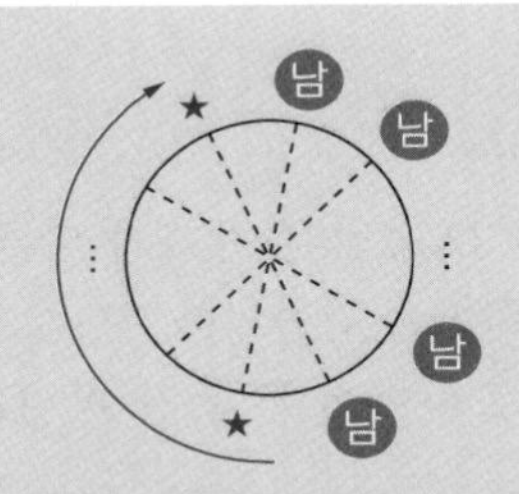

남학생 51명, 여학생 49명이 앉아 있다고 생각할 때, 최악의 경우 남학생 50명이 연속하여 앉아도 남은 1명의 남학생은 반드시 ★표시된 자리에 앉아야 합니다. 따라서 남학생인 쌍이 적어도 1쌍은 서로 마주보고 앉게 됩니다.

개념해설 2

[비둘기집 원리]

$(n+1)$개의 물건을 n개의 상자에 넣을 때 적어도 어느 한 상자에는 두 개 이상의 물건이 들어 있다는 원리를 말합니다.
n개의 비둘기집과 $(n+1)$마리의 비둘기가 있다고 가정합니다. 만약, 각 비둘기집에 한 마리 이하의 비둘기만 들어 있다면, 전체 비둘기집에는 많아야 n마리의 비둘기가 존재합니다. 그런데 비둘기는 모두 $(n+1)$마리이므로, 이것은 모순입니다.
따라서 어느 비둘기집에는 두 마리 이상의 비둘기가 있습니다.

평가기준

점수	요소별 채점 기준
3점	이유를 설명했지만 비둘기 집의 원리를 이용하지 않은 경우
5점	비둘기집의 원리를 이해하고 있지만 제대로 서술하지 못한 경우
10점	비둘기집의 원리를 이해하고 이유를 적절하게 서술한 경우

02

예시답안

먼저 조건을 확인해 보면
사이즈 230 mm인 부츠가 200개,
사이즈 240 mm인 부츠가 200개,
사이즈 250 mm인 부츠가 200개,
그리고 왼쪽 발용이 300개, 오른쪽 발용이 300개입니다.
왼쪽 (또는 오른쪽) 발용이 모두 한 사이즈라고 생각할 때, 짝이 맞는 부츠의 개수가 최소가 됩니다. 예를 들어 사이즈가 230 mm인 왼쪽 발용 부츠가 200개, 사이즈가 240 mm인 왼쪽 발용 부츠가 a (단, $0 \leq a \leq 100$)개 있다고 생각하고 이것을 표로 정리하면 다음과 같습니다.

(단위: 개)

구분	230 mm	240 mm	250 mm	계
왼쪽	200	a	$100-a$	300
오른쪽	0	$200-a$	$100+a$	300
계	200	200	200	600

따라서 사이즈 240 mm에서 짝이 맞는 부츠는 a켤레, 사이즈 250 mm에서 짝이 맞는 부츠는 $(100-a)$켤레가 되

므로 짝이 맞는 부츠는 최소 $a+(100-a)=100$ (켤레)가 됩니다.

평가기준

점수	요소별 채점 기준
5점	사이즈별 부츠의 개수를 예로 들어 서술하려고 했지만 답을 구하지 못한 경우
10점	예시답안과 같은 방법으로 예를 들고 이유를 바르게 서술한 경우

03

모범답안

- 관계식: 톱니바퀴 C의 톱니 수를 x개, 1분간 회전수를 y회라 할 때 $y=\frac{120}{x}$
- 1분간 회전수: 12회

풀이

톱니바퀴 B가 1분간 a회 회전한다고 할 때 톱니바퀴 A와 B는 서로 맞물려 있으므로

$24\times5=18\times a \qquad \therefore a=\frac{20}{3}$

톱니바퀴 C의 톱니 수를 x개, 1분간 회전수를 y회라 할 때 톱니바퀴 B와 C는 서로 맞물려 있으므로

$18\times\frac{20}{3}=x\times y \qquad \therefore y=\frac{120}{x}$

따라서 톱니바퀴 C의 톱니 수와 1분간 회전수의 관계식은 $y=\frac{120}{x}$이고, $x=10$을 $y=\frac{120}{x}$에 대입하면

$y=\frac{120}{x}=12$이므로 톱니바퀴 C는 1분간 12회 회전합니다.

평가기준

점수	요소별 채점 기준
3점	톱니바퀴 B의 1분간 회전수만 구한 경우
8점	톱니바퀴 C의 톱니 수와 1분간 회전수의 관계식을 구한 경우
10점	톱니바퀴 C의 톱니 수와 1분간 회전수의 관계식을 구하고, 1분간 회전수를 바르게 구한 경우

04

모범답안

1400 m^3

풀이

모터를 수리하고 나서 물을 모두 퍼내는 데 걸린 시간을 x분, 수영장에 원래 있던 물의 양을 $y\text{ m}^3$라 하면

$y=$(모터를 수리하고 나서 x분 동안 퍼낸 물의 양)
+(처음 1시간 동안 퍼낸 물의 양)
$=5\times1.1\times x+5\times60$
$=5.5x+300$ …… ㉠

한편, 모터가 고장 나지 않았다면 수영장 물을 모두 퍼내는 데 걸린 시간은 $\{60+30+(x-10)\}$분이므로

$y=5(60+30+x-10)=400+5x$ …… ㉡

수영장에 있는 물의 양은 서로 같으므로 ㉠, ㉡에서

$5.5x+300=400+5x$, $0.5x=100$, $x=200$이 됩니다.

따라서 수영장에 원래 있던 물의 양은

$y=1100+300=1400$, 즉 1400 m^3가 됩니다.

평가기준

점수	요소별 채점 기준
3점	주어진 조건을 x, y로 나타냈지만 식을 세우지 못한 경우
7점	x, y에 대한 일차함수식을 세웠지만 답을 구하지 못한 경우
10점	x, y에 대한 일차함수식을 세워 답을 바르게 구한 경우

05

모범답안

B

풀이

6개의 동전 A, B, C, D, E, F의 무게를 각각 a, b, c, d, e, f라 하면

$\begin{cases} a+b<c+d & \cdots\cdots ㉠ \\ b+c<e+f & \cdots\cdots ㉡ \end{cases}$

㉠에서 A, B, C, D 동전 중 무게가 다른 것이 있으므로 두 동전 E, F의 무게는 같습니다.

마찬가지 방법으로 ㉡에서 두 동전 A, D의 무게는 같습니다.

이때 $a=d$이므로 ㉠에서 $b<c$가 됩니다.

따라서 무게가 가벼운 동전은 B입니다.

평가기준

점수	요소별 채점 기준
5점	주어진 조건을 연립부등식으로 나타냈지만 답을 구하지 못한 경우
10점	주어진 조건을 연립부등식으로 나타낸 후 답을 바르게 구한 경우

06

모범답안

시속 96 km 이상 시속 120 km 이하

풀이

120 km의 거리를 처음 속력으로 달릴 때 걸리는 시간과 나중 속력으로 달릴 때 걸리는 시간의 차이가 15분 이상 30분 이하이어야 하므로 나중 속력을 시속 x km라고 하면

$\frac{15}{60} \leq \frac{120}{80} - \frac{120}{x} \leq \frac{30}{60}$

$\frac{1}{4} \leq \frac{3}{2} - \frac{120}{x} \leq \frac{1}{2}$

$-\frac{5}{4} \leq -\frac{120}{x} \leq -1$

$1 \leq \frac{120}{x} \leq \frac{5}{4}$

$\frac{4}{5} \leq \frac{x}{120} \leq 1$

$\therefore 96 \leq x \leq 120$

즉, 시속 96 km 이상 120 km 이하로 달려야 합니다.

평가기준

점수	요소별 채점 기준
5점	주어진 조건을 이용하여 연립부등식은 세웠지만 답을 바르게 구하지 못한 경우
10점	주어진 조건을 이용하여 연립부등식을 세워 답을 바르게 구한 경우

07

예시답안

정다각형은 정팔각형이고 대각선의 총수는 20개라 할 수 있지!

왜냐하면 정n각형의 한 외각의 크기는

$180° \times \frac{1}{1+3} = 45°$이거든.

그래서 $\frac{360°}{n} = 45°$이라고 식을 세워 구하면

$n = \frac{360}{45} = 8$, 즉 정팔각형인 것을 알 수 있어.

그리고 찾아낸 정팔각형에서 대각선의 총 개수를 식을 세워 구하면 $\frac{8 \times (8-3)}{2} = 20$ (개)야.

평가기준

점수	요소별 채점 기준
3점	정다각형의 이름과 대각선의 총 개수만 답한 경우
10점	정다각형의 이름과 대각선의 총 개수를 실제 답변하는 것처럼 서술한 경우

08

모범답안

기울어지지 않는 정사각형의 개수: 30개,

기울어진 정사각형의 개수: 20개

$n \times n$ 격자보드에서 규칙을 찾으면

기울어지지 않은 정사각형 □의 개수는

$(n-1)^2 + (n-2)^2 + \cdots$

기울어진 정사각형 ◇의 개수는

$(n-2)^2 + (n-4)^2 + (n-6)^2 + \cdots$

기울어진 정사각형 ◇, ◇의 개수는

$2(n-3)^2 + 2(n-4)^2 + \cdots$

입니다.

풀이

5×5 격자보드에서 만들 수 있는 정사각형은

□, ◇, ◇, ◇의 4가지 모양으로 분류할 수 있습니다.

(i) 기울어지지 않은 정사각형 □의 경우

① 1×1 정사각형의 개수: 16개

② 2×2 정사각형의 개수: 9개

③ 3×3 정사각형의 개수: 4개

④ 4×4 정사각형의 개수: 1개

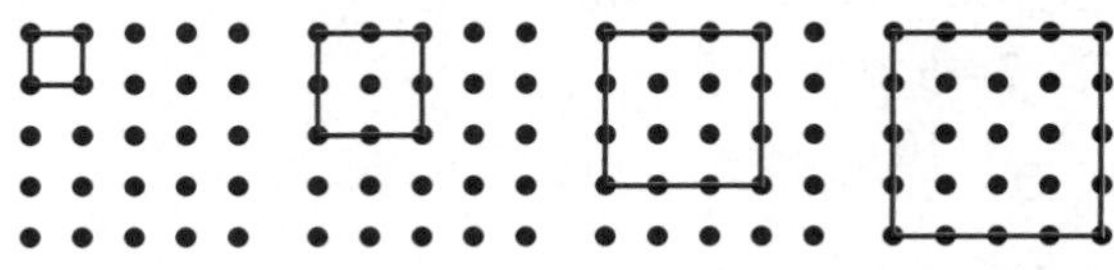

이므로 $16+9+4+1=4^2+3^2+2^2+1^2=30$ (개)입니다.

(ii) 기울어진 정사각형 ◇의 경우

① 2×2에서의 정사각형의 개수: 9개

② 5×5에서의 정사각형의 개수: 1개

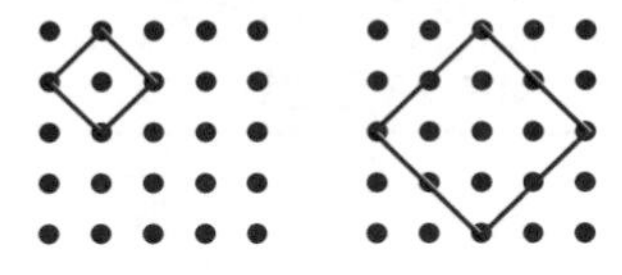

이므로 $9+1=3^2+1^2=10$ (개)입니다.

(iii) 기울어진 정사각형 ◇, ◇의 경우

① 4×4에서의 정사각형의 개수: 8개

② 5×5에서의 정사각형의 개수: 2개

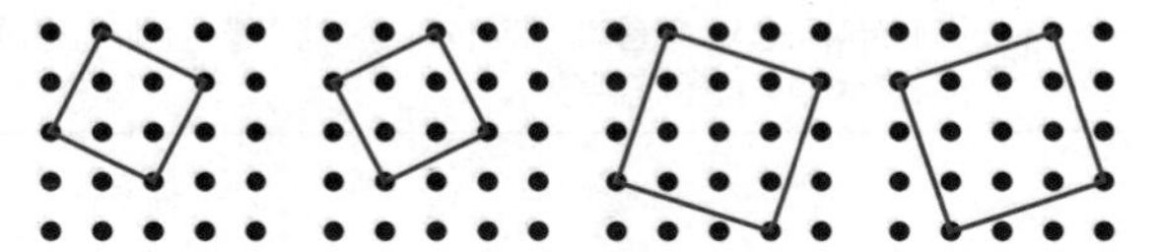

이므로 $8+2=2\times2^2+2\times1^2=10$ (개)입니다.

(ⅰ), (ⅱ), (ⅲ)에서 기울어지지 않는 정사각형은 30개, 기울어진 정사각형은 20개입니다.

평가기준

점수	요소별 채점 기준
3점	기울어지지 않은 정사각형의 개수만 구한 경우
6점	기울어진 정사각형의 개수만 구한 경우
10점	규칙을 찾고, 정사각형의 개수를 바르게 구한 경우

09

모범답안

$\frac{10}{7}$ km²

풀이

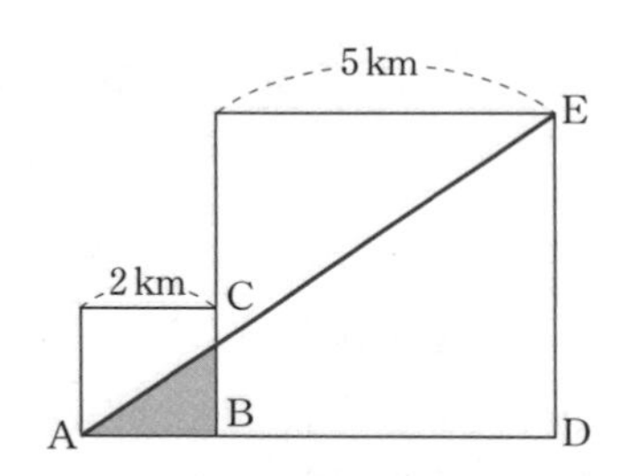

삼각형 ABC와 삼각형 ADE는 RHA 닮음입니다.

선분 BC의 길이를 □ km라 하면 □ : 5=2 : 7이므로

□×7=5×2

$\therefore$ □$=\frac{10}{7}$

따라서 어두운 부분의 넓이는

$\frac{1}{2}\times2\times\frac{10}{7}=\frac{10}{7}$ (km²)

평가기준

점수	요소별 채점 기준
5점	어두운 부분의 도형의 높이를 바르게 구한 경우
10점	어두운 부분의 넓이를 바르게 구한 경우

10

모범답안

46.19 m

풀이

$\angle BAC=30°$이므로 $\cos 30°=\frac{\overline{AC}}{\overline{AB}}$ 입니다.

$0.866=\frac{40}{\overline{AB}}$이므로

$\overline{AB}=40\div0.866=46.18937\cdots$입니다.

따라서 두 지점 A, B 사이의 거리를 반올림하여 소수 둘째 자리까지 나타내면 46.19 m입니다.

평가기준

점수	요소별 채점 기준
5점	주어진 그림에서 ∠BAC=30°를 찾았지만 답을 구하지 못한 경우
10점	∠BAC=30° 임을 이용하여 답을 바르게 구한 경우

11

모범답안

$\frac{1+\sqrt{5}}{2}$

풀이

비너스의 전체 길이는 $\overline{AC}=1+x$이므로

$\overline{AC}:\overline{BC}=\overline{BC}:\overline{AB}$에서 $(1+x):x=x:1$

$x^2=1+x,\ x^2-x-1=0$

이차방정식의 근의 공식에 의해 $x=\frac{1\pm\sqrt{5}}{2}$이고, $x>0$

이므로 $x=\frac{1+\sqrt{5}}{2}$입니다.

평가기준

점수	요소별 채점 기준
5점	비례식을 이용하여 이차방정식을 바르게 세웠지만 답을 구하지 못한 경우
10점	비례식을 이용하여 이차방정식을 세운 후 근의 공식을 이용하여 답을 바르게 구한 경우

12

모범답안

14번

풀이

1번씩 악수하되 이웃한 친구끼리는 하지 않으므로 악수한 횟수는 칠각형의 대각선의 총 개수와 같습니다.

따라서 $\frac{7\times4}{2}=14$, 총 14번의 악수를 하게 됩니다.

평가기준

점수	요소별 채점 기준
3점	칠각형의 대각선의 개수와 같음을 알았지만 답을 구하지 못한 경우
10점	풀이 과정과 답을 모두 바르게 서술한 경우

13

모범답안

22명 이상

풀이

x명의 학생이 미술관을 관람한다고 할 때 단체 요금을 내는 것이 유리한 조건은

(30명의 단체 요금)$<$(x명의 요금 총 액)

이므로 $8000\times0.7\times30<8000x$에서

$0.7\times30<x$, $x>21$입니다.

따라서 관람을 희망하는 친구들이 22명 이상이면 30명 단체 요금을 내는 것이 지출 면에서 유리합니다.

평가기준

점수	요소별 채점 기준
3점	x로 나타냈지만 부등식을 세우지 못한 경우
7점	x에 대한 부등식을 세웠지만 답을 구하지 못한 경우
10점	x에 대한 부등식을 세워 답을 바르게 구한 경우

14

모범답안

2 cm^2

풀이

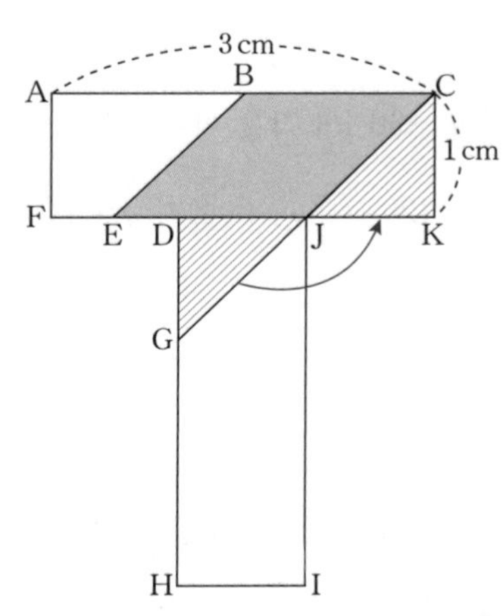

삼각형 CJK와 삼각형 GJD는 합동이므로 어두운 부분의 넓이는 사다리꼴 BEKC의 넓이와 같습니다.

선분 EK의 길이는 2.5 cm이고 선분 BC의 길이는 1.5 cm입니다.

따라서 사다리꼴 BEKC의 넓이는

$\{(2.5+1.5)\times1\}\times\frac{1}{2}=2$ (cm^2)

평가기준

점수	요소별 채점 기준
3점	삼각형 CJK와 삼각형 GJD가 합동임을 알았지만 답을 구하지 못한 경우
10점	풀이 과정과 답을 모두 바르게 서술한 경우

15

모범답안

(1) $\frac{180}{11}$분 후 (2) 4시 $\frac{60}{11}$분

풀이

(1) 분침이 1분 동안 회전하는 각도는 6°이고, 시침이 1분 동안 회전하는 각도는

$\left(\frac{30}{60}\right)^\circ=0.5^\circ=\left(\frac{1}{2}\right)^\circ$입니다.

x분 후에 시침과 분침이 겹치게 되면 그동안 분침은 시침보다 90° 더 회전해야 하므로 $6x=\frac{1}{2}x+90$에서

$x=\frac{180}{11}$입니다. 즉, $\frac{180}{11}$분 후 시계 바늘이 처음으로 겹치게 됩니다.

(2) 시계 바늘이 처음으로 직각이 되는 시각을 구하기 위해 4시 y분에 시침과 분침이 직각을 이룬다고 가정하면, y분 동안 시침이 움직인 각은 $\frac{1}{2}y^\circ$이고, 분침이 움직인 각은 $6y^\circ$입니다. 또, 시침이 12시 방향과 이루는 각은 $\left(120^\circ+\frac{1}{2}y^\circ\right)$이므로 분침은 12시 방향과 $\left(120^\circ+\frac{1}{2}y^\circ-90^\circ\right)$의 각을 이루게 됩니다.

따라서 $6y=120+\frac{1}{2}y-90$에서 $y=\frac{60}{11}$이 됩니다.

즉, 시계 바늘이 처음으로 직각이 되는 시각은 4시 $\frac{60}{11}$분입니다.

평가기준

점수	요소별 채점 기준
5점	(1), (2) 중 1가지만 구한 경우
10점	(1), (2) 모두 구한 경우

과학

16

예시답안

내륙 지역 A의 일교차가 더 큽니다. 일교차는 하루 중 가장 높은 기온과 가장 낮은 기온의 차이를 말합니다. 비열이 작으면 빨리 뜨거워지고, 빨리 식으므로 비열이 작은 내륙 지역 A의 일교차가 해안 지역 B보다 큽니다.

개념해설

[일교차]

하루 중 최고 기온과 최저 기온의 차이를 일교차라 합니다. 하루 중 가장 높은 온도를 일최고 기온이라 하며 가장 낮은 온도를 일최저 기온이라 합니다. 일교차가 크다는 것은 그 날의 기온 변화가 컸다는 것을 의미합니다.

평가기준

점수	요소별 채점 기준
5점	지역만 선택한 경우
10점	지역을 바르게 선택하고, 이유를 바르게 서술한 경우

17

예시답안

이중창으로 설치하면 유리와 유리 사이의 공기가 열이 전도되는 것을 막아주기 때문에 집 안의 온도를 유지할 수 있습니다.

평가기준

점수	요소별 채점 기준
5점	단열 효과만 언급한 경우
10점	공기가 열이 전도되는 것을 막고 온도를 유지하기 때문이라고 서술한 경우

18

예시답안

- 물체보다 광원을 낮추어 비춥니다.
- 광원의 위치보다 물체를 높은 곳에 놓습니다.

평가기준

점수	요소별 채점 기준
5점	1가지만 서술한 경우
10점	2가지 모두 서술한 경우

19

예시답안

제시된 설명은 전기 자동차에 관한 설명입니다. 하이브리드 자동차는 내연 엔진과 전기 자동차의 배터리 엔진을 동시에 장착하거나 자체의 무게를 획기적으로 줄여서 공기의 저항을 최소화한 차세대 자동차입니다. 하이브리드 자동차는 스스로 시동을 끄거나 동력을 전기로 바꾸어 연료 소비를 줄여 줍니다.

평가기준

점수	요소별 채점 기준
5점	제시된 설명이 전기 자동차에 관한 설명인 것만 찾은 경우
10점	제시된 설명이 전기 자동차에 대한 설명인 것을 찾고, 하이브리드 자동차에 대한 설명을 한 경우

20

예시답안

기름 한 방울의 밀도를 구하기 위해 다음과 같은 순서로 실험합니다.

① 빈 눈금실린더의 질량을 측정합니다.
② 눈금실린더에 적당한 기름을 부어 기름의 부피를 측정합니다.
③ 기름이 담긴 눈금실린더의 질량을 측정합니다.
④ 기름이 담긴 눈금실린더의 질량에서 눈금실린더의 질량을 빼서 기름만의 질량을 구합니다.
⑤ 기름의 질량을 기름의 부피로 나누어 기름의 밀도를 계산합니다.

평가기준

점수	요소별 채점 기준
5점	기름의 밀도를 측정하는 과정에서 부피와 질량을 측정하지 않고 서술한 경우
10점	기름의 밀도를 구하기 위해 부피와 질량을 정확하게 측정하는 방법을 서술한 경우

21

예시답안

- 자동차의 연비가 좋아질 것입니다.
- 산소를 이용하여 에너지원을 만드는 생명체의 크기가 커질 것입니다.
- 산소가 많아지면 공기의 밀도가 더 커지므로 기압이 조금 더 높아지게 될 것입니다.
- 산소가 늘어나게 되면 오존도 같이 증가하게 될 것이므로 태양에서 오는 자외선을 더 잘 막아줄 것입니다.
- 산소가 과다해지면 혈압이 낮아집니다. 즉, 산소가 적으면 호흡곤란, 산소가 많아도 호흡곤란으로 죽을 것입니다.
- 산소 농도가 높아짐에 따라 호흡이 좀 더 쉬워질 것입니다. 우리 몸에 필요한 산소를 충분히 얻을 수 있게 되면 운동을 더 잘하게 될 수도 있을 것입니다. 그래서 올림픽과 같은 기록 경기에서 많은 신기록이 쏟아질 것입니다.
- 산소는 물질이 연소하는 것을 도와주는 특징이 있어 화재가 발생했을 경우 작은 불이라도 크게 번질 수 있습니다. 과학 실험 시간에 산소를 모아 놓은 집기병에 꺼져가는 성냥불을 넣거나 강철 솜에 불을 붙여 넣으면 엄청나게 불타오르는 것을 볼 수 있는 것도 산소의 조연성 때문입니다.
- 산소가 25%일 때는 산소 중독으로 땀도 많이 나고 시야가 안 좋아지면서 숨쉬기 갑갑하게 되는, 이른바 호흡곤란 현상을 겪게 됩니다. 또한, 산소가 29%가 되면 사람은 거의 의식불명 상태가 되고 31%가 되면 사람은 체온이 상승되어 결국 죽음에 이르게 됩니다. 호흡하는 공기 중 21%의 산소가 들어오면 대부분 체내에서는 36.5 ℃의 평균체온을 유지하는 데 사용되지만 21% 이상의 산소가 들어올 때에는 1%당 1 ℃ 정도의 체온이 상승하게 되어 단백질로 이루어진 신체 구조를 가진 동물은 딱딱하게 굳는 경직화가 일어날 수 있습니다.

평가기준

점수	요소별 채점 기준
3점	1~2가지 예를 들어 서술한 경우
6점	3~4가지 예를 들어 서술한 경우
10점	5가지 이상 예를 들어 서술한 경우

22

예시답안

유리창에 뿌연 김이 서리는 이유는 공기 중의 수증기가 차가운 유리의 표면에 붙어서 작은 물 알갱이 형태로 남아 있게 되기 때문입니다. 공기 중의 수분이 차가운 유리창에 부딪히면 응축되고, 응축된 작은 물방울들은 빛을 산란 · 굴절 · 반사시켜서 유리창에 뿌연 서리를 만듭니다. 일반적으로 유리창에 샴푸액을 바르거나 비누액을 바르면 공기 중의 수분이 샴푸액에 응축되어서 방울 형태로 있지 않고 녹아서 샴푸액을 희석시키게 됩니다. 즉, 유리창에 얇은 물막을 형성하는 것입니다. 그렇게 되면 공기 중의 수분이 계속 응축되어서 물막이 두터워지게 되고, 어느 정도 이상이 되면 아래로 흘러내리게 됩니다.

개념해설

뜨거운 바람으로 유리창을 가열시켜서 응축 현상이 일어나지 않도록 하는 것도 또다른 방법입니다. 공기 중의 수분이 따뜻해진 유리창에 부딪혀 열에너지를 흡수하게 되면 수증기는 분자의 열운동이 더욱 활발해져 응축되지 않고 유리창에 뿌연 김을 만들지 않습니다.

평가기준

점수	요소별 채점 기준
3점	히터나 에어컨을 틀어서 김서림을 없애는 내용으로 서술한 경우
10점	샴푸의 작용으로 인한 김서림 방지 역할에 대해 서술한 경우

23

예시답안

적도의 해수면의 온도가 현재보다 상승하면 전 지구적으로 다양한 변화가 나타납니다. 우선 적도 해수면의 온도 상승은 엘니뇨 현상을 발생시키고, 태풍의 발생 빈도를 증가시킬 것입니다. 또한, 온도 상승에 의해 해양의 기체 보유 능력이 떨어지면 이산화 탄소가 대기 중으로 많이 방출되어 지금보다 더 심각한 온실효과를 발생시킬 수 있습니다. 그리고 적도 주변의 해수면의 온도 상승은 현재보다 많은 수증기의 증발을 유발해 강력한 상승기류를 형성할 것입니다. 이는 다시 현재보다 강력한 대기 대순환을 초래해 중위도 고압대의 위도를 극지방 쪽으로 밀어붙일 것이며, 아울러 해류의 순환에도 변화를 일으킬 것입니다.

평가기준

점수	요소별 채점 기준
3점	해수면의 온도 상승을 단지 지구 온난화로만 서술한 경우
10점	해수면의 온도 상승으로 일어날 수 있는 환경변화를 예로 들어 서술한 경우

24

예시답안

그래프의 기울기가 급할수록 성장 속도가 빠르다는 것을 의미합니다.

(가) 동물은 태어난 후 빠른 속도로 성장하고 어느 정도 성장한 이후에는 더 이상 성장하기 않습니다. 반면 (나) 동물은 태어난 후에 성장 속도가 여러 번 변화하고 있는 점이 차이점입니다. 탈피나 변태를 하는 곤충이나 파충류는 주로 (나) 동물처럼 성장합니다.

공통점은 (가), (나) 동물 모두 어릴 때는 몸의 크기가 작고, 시간이 지나면서 몸의 크기가 전체적으로 계속 증가합니다. 또한, 어느 정도 자라면 성장이 멈춰 더 이상 몸의 크기가 커지지 않는다는 점입니다.

개념해설

탈피나 변태를 하는 동물은 몸의 크기가 (나) 동물의 그래프처럼 변합니다. 탈피는 튼튼한 표피를 가지기 위해서 표피를 벗는 것이고, 변태는 형태적으로 달라지는 것을 말합니다. (나) 동물의 그래프처럼 성장하는 동물은 무척추 동물에는 곤충과 절지동물, 선형동물 등이 있고, 척추동물에는 파충류, 양서류 등이 있습니다. 곤충의 경우 유충일 때는 탈피를 하면서 성장하다가 성충이 될 때는 변태를 하면서 형태가 단번에 달라집니다.

평가기준

점수	요소별 채점 기준
5점	차이점 또는 공통점 중 1가지만 서술한 경우
10점	차이점과 공통점 모두 서술한 경우

25

모범답안

밀가루는 액체가 아닙니다. 이유는 밀가루를 구성하는 알갱이는 매우 작지만 모양과 부피가 존재하기 때문입니다.

개념해설

액체와 고체를 나누는 차이는 보관하는 용기에 따라 그 모양이 달라집니다. 밀가루 분말 하나를 잘 골라 떼어 내어 위생 랩 위에 분말을 올리고 랩을 V자 형태로 접어 봅니다. 만약 밀가루가 액체라면 접힌 V자 홈과 여러 주름에 맞게 모양이 변해야 하지만 모양은 변하지 않습니다. 같은 방법으로 물을 이용해서 실험하면 주름의 형태나 접힌 모양에 따라 물방울의 모양도 바뀐 것을 관찰할 수 있습니다. 따라서 밀가루는 액체라 할 수 없습니다.

평가기준

점수	요소별 채점 기준
5점	밀가루를 액체가 아니라고 판단만 한 경우
10점	밀가루를 액체가 아니라고 판단하고 그 이유를 서술한 경우

26

예시답안

지구의 내부에 있는 핵은 지진파 분석 결과 액체 상태인 외핵과 고체 상태인 내핵으로 구성됩니다.

외핵은 철 성분인 액체 상태로 구성되어 있다고 추정하고 있으며, 서서히 내핵의 주변을 대류함으로써 지구의 자기장이 형성되어진 것이라고 판단됩니다. 만약 외핵이 움직이지 않으면 지구의 자기장이 형성되지 않기 때문입니다. 따라서 외핵이 움직이려면 액체 상태이어야 합니다. 즉, 지구의 자기장을 만들기 위해 가장 필요한 것은 외핵이 철 성분의 액체 상태로 대류하는 것입니다.

평가기준

점수	요소별 채점 기준
5점	지구의 외핵이 액체 상태라고만 제시한 경우
10점	지구의 외핵이 액체 상태인 이유를 바르게 서술한 경우

27

예시답안

- 운동감각이 둔화됩니다. …①
- 허리가 줄고 얼굴이 커집니다. …②
- 키는 커지지만 뼈 근육은 약해집니다. …③

개념해설

①의 설명
우리가 자세를 잡거나 운동을 할 때 균형을 유지할 수 있도록 하는 것은 반고리관 때문입니다. 이밖에 근육과 힘줄, 관절과 피부의 통각세포도 몸의 움직임을 인식합니다. 이 기관들은 지구의 중력에 맞게 적응되어 있어 갑자기 중력이 줄어들면 받아들이는 감각 신호들 또한 달라집니다. 그 결과 뇌에서 지시를 내려도 얼마만큼 움직여야 할지 알지 못하고, 심하면 좌우가 뒤바뀌는 환상을 경험하기도 합니다.
②의 설명
지구에서는 머리에서 발끝까지 혈압이 다릅니다. 보통 머리의 혈압은 약 70 mmHg, 심장은 약 100 mmHg, 그리고 다리는 심장의 두 배인 약 200 mmHg입니다. 그러나 우주에서는 아래로 당기는 중력이 없기 때문에 몸 안의 혈액이 균등하게 분포되어 혈압이 모두 약 100 mmHg로 유지됩니다. 머리의 혈압이 높아짐에 따라 얼굴은 부풀어 오르며, 허리의 혈액이 가슴으로 이동함에 따라 허리 둘레가 약 6~10 cm 줄어듭니다. 양쪽 다리의 혈액도 각각 $\frac{1}{10}$ 정도인 1 L가 줄어든다고 합니다. 혈액이 상체로 몰리게 되면 심장은 과다한 혈액을 오줌으로 배출하려고 시도합니다. 그러나 콩팥의 혈액이 이동할 수 있도록 도와주는 압력이 줄기 때문에 실제 오줌의 양은 오히려 20%에서, 많게는 70% 줄어듭니다.
③의 설명
우주에서는 척추가 중력을 받지 못해 5 cm 정도 키가 커집니다. 반면, 뼛속의 칼슘은 줄어듭니다. 지구에 돌아온 우주비행사들의 뼈가 잘 부러지는 것도 칼슘이 빠져나갔기 때문이라 추정하고 있습니다. 중력을 받지 못한 근육에서는 단백질도 빠져나갑니다.

평가기준

점수	요소별 채점 기준
3점	예를 1가지 제시한 경우
6점	예를 2가지 제시한 경우
10점	예를 3가지 이상 제시한 경우

28

모범답안

0 kg
사람의 온몸이 물에 잠겨 있다고 가정하면 그 사람이 받는 중력과 부력의 크기는 같아지므로 몸무게는 0 kg이 됩니다.

개념해설

물속에 잠긴 물체는 물이 누르는 힘을 받게 되는데, 물이 누르는 힘을 물의 압력, 즉 수압이라고 합니다. 수압의 크기는 물 속의 한 점을 기준으로 전후, 좌우, 상하의 모든 방향에서 같은 세기의 힘이 미치게 됩니다. 하지만 아래로 갈수록 위에서 누르는 물의 양이 많아지기 때문에 더 큰 수압이 작용합니다. 나머지 방향에서 작용하는 힘들은 서로 상쇄되기 때문에 전체적으로 보면 아래에서 위로 미는 힘만 남게 되는데, 이 힘이 곧 부력이 됩니다. 결국 부력이란 중력과 반대 방향으로 작용하는 수압의 힘을 말하는 것입니다. 물의 밀도가 1이라고 할 때 밀도가 1보다 큰 물질은 모두 중력이 부력보다 커서 가라앉고, 밀도가 1보다 작은 물질은 중력이 부력보다 작아서 뜨게 됩니다. 몸무게가 100 kg인 사람의 온몸이 물에 잠겨 있다면 그 사람이 받는 중력과 부력의 크기는 같기 때문입니다. 따라서 문제의 그림의 남자의 몸무게는 0 kg이 됩니다.

평가기준

점수	요소별 채점 기준
5점	물속에 입수했을 때 몸무게만 쓴 경우
10점	물속에 입수했을 때 몸무게를 쓰고, 그 이유를 바르게 서술한 경우

29

예시답안

이온성 물질은 금속의 양이온과 비금속의 음이온이 결합하여 생성된 물질로, 상온에서 모두 고체 상태로 존재하며, $NaCl$, $CuSO_4$ 등이 있습니다. 이러한 이온성 물질은 고체 상태에서 강한 정전기적인 인력으로 결합되어 있으므로 이온이 자유롭게 이동할 수 없어서 전기 전도성을 가지지 않습니다.
고체 염화나트륨($NaCl$)은 양이온인 나트륨 이온과 음이온인 염화 이온이 결합하여 이루어집니다. 물은 염화나트륨($NaCl$)과 같은 이온성 물질을 잘 녹이는 성질이 있습니다. 이것은 이온성 물질을 이루는 양이온과 음이온이 물의 (+) 전하를 띠는 부분이나 (−) 전하를 띠는 부분과 정전기적인 인력으로 결합하여 결정에서 잘 떨어져 나오기 때문입니다. 염화나트륨($NaCl$) 결정을 이루는 나트륨 이온(Na^+)은 물 분자에서 (−) 전하를 띠는 산소 원자가 끌어당기고, 염화 이온(Cl^-)은 물 분자에서 (+) 전하를 띠는 수소 원자가 끌어당기기 때문에 나트륨 이온과 염화 이온 사이의 인력이 약해져서 이온들이 떨어져 나오게 됩니다.
이러한 현상을 수화라고 합니다. 이렇게 염화나트륨(NaCl)이 물에 녹으면 이온들이 자유롭게 이동할 수 있게 되므로 전기전도성을 가지게 됩니다.

평가기준

점수	요소별 채점 기준
10점	염화나트륨(NaCl)이 물 분자에 의해서 분리되어 용해되는 특징을 서술한 경우

30

예시답안

구름 속에 드라이아이스나 아이오딘화 은과 같이 수증기를 물로 응결시키는 빙정핵(구름씨)을 뿌리면 구름 속의 물방울이 커져서 비가 내리게 됩니다.
아이오딘화 은은 얼음과 결정구조가 가장 비슷한 물질로, 구름의 온도가 크게 낮지 않아도 빙정을 생기게 해 줍니다.
[문제점]

- 지구의 물의 순환에 혼란을 일으킬 수 있다는 점입니다. 특정 지역에서 인위적으로 강수량을 늘리면 다른 지역에서 강수량이 감소할 것입니다.
- 성공률과 경제성이 매우 낮다는 점입니다. 실제로 여러 실험들을 종합한 결과, 적절한 조건에서 인공 강우를 실시했을 때 증대되는 효과는 불과 10~20% 정도밖에 되지 않는다고 합니다.
- 인공 강우는 인위적으로 비를 만드는 것이 아니라 기존의 구름에서 비를 내리게 하는 것이므로, 기본적으로 수증기를 다량 함유한 구름이 존재하고 있어야 합니다. 그러므로 고기압의 영향으로 가뭄이 지속될 때에는 인공 강우가 아무런 의미도 없는 것입니다.

개념해설

[빙정(얼음알갱이)설]

0 ℃ 이하에서는 물에 대한 포화수증기압 곡선이 얼음에 대한 포화수증기압 곡선에 비하여 높게 나타납니다. 이러한 이유 때문에 0 ℃ 이하에서 과냉각수적*은 물방울에 대하여 불포화 상태가 되고, 얼음에 대하여 과포화 상태가 됩니다. 따라서 물방울은 증발하여 수증기가 되며, 그 수증기는 빙정에 달라붙어 빙정이 성장하게 되는 것입니다. 얼음알갱이가 녹으면 비가 되는 것이고, 녹지 않으면 눈이 되는 것입니다.

* 과냉각수적: 구름 방울은 0 ℃ 이하에서도 얼지 않고 액체 상태로 존재하는 경우가 많은데, 0 ℃ 이하에서 존재하는 액체 상태의 물방울을 과냉각수적이라 부릅니다. 구름 내에는 과냉각수적과 빙정 등이 함께 존재할 가능성이 크기 때문에 정확한 의미에서는 과냉각구름이라는 표현보다는 과냉각수적이 보다 적절한 표현이라 할 수 있습니다.

[인공강우법]

- 드라이아이스법
- 아이오딘화 은을 살포
- 미세 물방울들을 살포
- 거대 응결핵을 살포

평가기준

점수	요소별 채점 기준
5점	인공강우 원리만 제시한 경우 또는 인공강우로 인한 문제점만 서술한 경우
10점	인공강우 원리와 문제점을 모두 서술한 경우

MEMO

I wish you the best of luck!

MEMO

I wish you the best of luck!

좋은 책을 만드는 길, 독자님과 함께 하겠습니다.

스스로 평가하고 준비하는! 대학부설 영재교육원 봉투모의고사 중등

개정1판1쇄 발행	2023년 09월 05일 (인쇄 2023년 08월 08일)
초 판 발 행	2020년 09월 03일 (인쇄 2020년 07월 24일)
발 행 인	박영일
책 임 편 집	이해욱
편 저	전진홍
편 집 진 행	이미림 · 피수민 · 박누리별
표지디자인	조혜령
편집디자인	홍영란 · 곽은슬
발 행 처	(주)시대교육
공 급 처	(주)시대고시기획
출 판 등 록	제10-1521호
주 소	서울시 마포구 큰우물로 75 [도화동 538 성지 B/D] 9F
전 화	1600-3600
팩 스	02-701-8823
홈 페 이 지	www.sdedu.co.kr
I S B N	979-11-383-5619-0 (53400)
정 가	21,000원